Die Baumwollfrage

vom

Standpunkt deutscher Interessen.

Betrachtungen und Vorschläge

von

Dr. August Etienne.

Berlin 1904.

J. Guttentag, Verlagsbuchhandlung,

G. m. b. H.

Vorwort.

Ueber die Baumwollfrage ist bereits viel geschrieben und gesprochen, eine gewisse Baumwollmüdigkeit macht sich gerade im gegenwärtigen Moment bemerkbar. Trotzdem eine neue Schrift, was will sie und was bringt sie neues?

Eine rührige Agitation bemüht sich in Deutschland um Förderung der Baumwollzucht; aber das Kapital bleibt spröde, spärlich fliessen die Mittel, die grossen Banken lehnen ab, sich zu beteiligen.

Woher diese Zurückhaltung; verkündet doch fast täglich die Presse, dass es sich um ein Werk von hervorragender Bedeutung handelt?

Die Baumwollfrage ist voll zu würdigen nur im Zusammenhange mit zwei anderen Problemen, die heute im Vordergrund des öffentlichen Interesses stehen — **der amerikanischen Gefahr und dem landwirtschaftlichen Notstand.** Dieser Zusammenhang tritt bei den bisherigen Erörterungen zurück, die Baumwollfrage erscheint nur als Angelegenheit einer einzelnen Branche — der Baumwollindustrie. In so engem Rahmen verliert sie an werbender Kraft, diejenigen Gesichtspunkte, die auch auf die Allgemeinheit tieferen Eindruck zu machen geeignet sind, kommen nicht zur Geltung.

Die Förderung der Baumwollzucht soll neben der Beseitigung der Baumwollnot dazu dienen, deutschen Besitzstand auf Märkten festzuhalten, die Amerika uns zu entreissen sich anschickt. An solcher Abwehr der amerikanischen Gefahr hat der gesamte Export, mithin auch die gesamte deutsche Industrie ein hervorragendes Interesse.

Durch Vermehrung der Baumwollzucht lässt sich der Spielraum für andere Kulturen einschränken. Diese Aussicht leitet hinüber zur deutschen Landwirtschaft, die unter dem Ueberangebot fremden Getreides und unter der Zuckerkrisis als neuester Erscheinung leidet. In weiten Landstrichen überseeischer Gebiete ist es möglich, die Baumwollkultur an die Stelle des Getreide- und Zuckeranbaues zu setzen.

Bei solcher Betrachtung erst rücken die grossen Perspektiven der Baumwollfrage in volle Beleuchtung. Industrie und Landwirtschaft, beide Grundpfeiler der deutschen Volkswirtschaft, haben das gleiche, gemeinsame Interesse, den Baumwollbau zu fördern.

Eine Bauwollfrage solchen Inhalts kann nicht an Aktualität verlieren, wenn, wie gegenwärtig, eine bessere amerikanische Ernte die Baumwollnot zeitweilig lindert; sie gehört zu den Problemen, an denen das deutsche Volk seine Einsicht und seinen Willen, eine wirtschaftliche Grossmacht zu bleiben, zu erweisen hat.

In diesem Sinne zur Popularisierung der Baumwollfrage beizutragen ist der Zweck der nachstehenden Darlegungen. Möge das kleine Heft recht viele zu ernster Prüfung seiner Vorschläge anregen.

Berlin im November 1904.

Der Verfasser.

Inhaltsverzeichnis.

1. Die Baumwollnot und ihre Bekämpfung. 7
2. Export und Landwirtschaft als Interessenten der Baumwollfrage 22
3. Der jetzige Stand der Baumwollbewegung in Deutschland . . 42
4. Der internationale Zusammenschluss der Baumwollverbraucher 57
5. Das Betätigungsfeld für Förderung der Baumwollzucht im Sinne deutscher Interessen 72
6. Die nationale Organisation zur Förderung der Baumwollzucht . 89

Die Baumwollnot und ihre Bekämpfung.

Eine Bauwollkrisis ähnlich derjenigen zur Zeit des amerikanischen Bürgerkriegs hat die Geschichte der allerneuesten Zeit bereichert. Wie jene hat sie unsägliches Elend über die Welt gebracht, die fleissige Arbeit vieler Hände zu unfreiwilligem Stillstand verurteilt, eine gewaltige Industrie in die Notlage versetzt, gegenüber unerhörter Preisverteuerung ihres Rohmaterials zu dem letzten Mittel der Schliessung ihrer Betriebe zu greifen.

Damals zur Zeit des Bürgerkrieges waren es die Geschwader des Nordens, die verhinderten, dass die amerikanische Baumwollernte den Baumwolle verarbeitenden Ländern der Welt zugeführt wurde; heute schliesst eine andere Macht die Baumwolle ein, mit friedlichen Mitteln zwar, aber denselben Folgen. Sie geht in den Gewahrsam der amerikanischen Börsenspekulation über, die sie zum Zwecke der Preistreiberei einsperrt, bis die Preise eine ihrem Belieben entsprechende Höhe erreicht haben.

Methodisch immer in der gleichen Weise geht die gut organisierte, von leistungsfähigen Finanzleuten geführte amerikanische Spekulation dabei zu Werke. Sobald auf den Bauwollpflanzungen mit dem Pflücken begonnen wird, werden allerlei ungünstige Meldungen über die voraussichtliche Ernte in die Welt gesetzt; sie finden in gewissen Pressorganen eine bereitwillige Aufnahme und veranlassen die geängstigten Verbraucher der Baumwolle zu voreiligen Einkäufen. In diese Haussebewegung greift dann die Spekulation nachdrücklichst ein, kauft das gesamte Angebot auf und steigert so von Tage zu Tage die Preise.

Baumwolle, Middling loco, notierte in New York

am	20. Januar 1902	$8^7/_{16}$ cents
„	1. Juni 1902	$9^1/_4$ „
„	2. Januar 1903	9 „
„	1. Juli 1903	13,— „
„	4. Januar 1904 . . .	13,20 „
„	15. Januar 1904 . . .	13,80 „
„	1. Februar 1904	17,25 „

Ein Schrei der Empörung über solche Vergewaltigung geht durch die Welt; in Amerika nicht minder wie in Europa entrüstet man sich. Der amerikanische Ackerbausekretär erklärt den Feldzug gegen den Baumwoll-Corner für eine nicht minder dringliche Aufgabe wie die Vernichtung der Insektenbrut, die in allerneuester Zeit den Baumwollfeldern so gefährlich zu werden droht.

Die Baumwollverbraucher beraten über internationale Abkommen, um sich durch einheitlich geleitete und durchgeführte Betriebsbeschränkungen gegen den gemeinsamen Feind zur Wehr zu setzen. Andere wollen das Uebel durch internationale Verbote des Börsenterminhandels in Baumwolle an der Wurzel fassen.

Die Erfahrung spricht nicht dafür, dass auf diese Weise etwas wesentliches erreicht werden könnte. Die amerikanische Spekulation nutzt nur aus, verschärft und übertreibt, was in der tatsächlichen Lage des Baumwollmarktes begründet ist. Fände man wirklich Mittel und Wege, das börsenmässige Differenzspiel in Baumwolle gänzlich zu unterbinden, das unheilvolle Schwanken der Preise wäre damit keineswegs beseitigt.

Die Ursachen liegen tiefer. Wenn 70—75 pCt. der gesamten Weltproduktion aus einem einzigen Lande kommen, so bestimmt natürlich der Ernteausfall in diesem einen Lande die Preise. So steht es heute, wo von den 16 Millionen Ballen der Weltproduktion Amerika allein rund 11 Millionen liefert. Ob Baumwolle knapp oder reichlich vorhanden, richtet sich nach der amerikanischen Ernte, d. h. nach der Ernte eines einzigen Landes. Wie sie ausfällt, ob gut oder schlecht, ist entscheidend, nicht das Durchschnittsergebnis einer ganzen Reihe räumlich weit getrennter Produktionsgebiete, die unabhängig von einander sind in bezug auf Witterung und andere den Ernteausfall bedingende Faktoren, bei denen ein Mehrbetrag hier einen Minderertrag dort ausgleichen kann.

Der amerikanischen Ernte von rund 11 Millionen Ballen steht die indische mit 3, die ägyptische mit 1, die aller anderer Länder mit ebenfalls nur 1 Millionen Ballen gegenüber.

Das amerikanische Monopol wird verstärkt durch den Rückgang der Qualität der indischen Baumwolle, der zur Folge haben musste, dass die Maschinen mehr und mehr nur auf die Eigenart der amerikanischen Baumwolle eingerichtet wurden.

Zu den Besonderheiten der gegenwärtigen Lage gehört das ausserordentliche Schwanken des amerikanischen Ernteertrages. Berechnet man das Durchschnittsergebnis pro Acre, so betrug der Ernteertrag

im Jahre	1896/1897	0,366	Ballen.
„ „	1897/1898	0,448	„
„ „	1898/1899	0,448	„
„ „	1899/1900	0,390	„

Zu diesem Schwanken der Erträge pro Acre kommt die schwankende Grösse der Anbaufläche. Allerdings wächst dieselbe im grossen und ganzen in erstaunlichem Tempo, die plötzlichen Sprünge nach oben bleiben aber nicht ohne Rückschläge zahlenmässig sehr bedeutender Art. Beispielsweise betrug die Anbaufläche im Jahre 1894/1895 23687950 Acres, im folgenden Jahre fiel sie auf 20184808, rund 3,5 Millionen Acre wurden im Jahre 1895/1896 weniger mit Baumwolle bebaut als im Vorjahre.

Unter dem Zusammenwirken eines Rückgangs der Anbaufläche und eines Minderertrages pro Acre fiel das Gesamtergebnis der amerikanischen Ernte

von 9476435 Ballen im Jahre 1894/1895
auf 7161095 „ „ „ 1895/1896.

Rückschläge von so einschneidender Bedeutung sind in letzter Zeit mehrfach vorgekommen. Im Vergleich zum Vorjahre sank im Jahre 1899/1900 die Anbaufläche von 24967295 auf 23403497 Acres, der Ertrag von 11189205 auf 9142838 Ballen.

Wenn man erwägt, dass diesem sprungweise bald zubald abnehmenden Ertrage der amerikanischen Ernte ein konstant wachsender Baumwollbedarf gegenübersteht, so wird man zugeben müssen, dass die starken Schwankungen des Preises in erster Linie in den tatsächlichen Verhältnissen von Angebot und Nachfrage ihre Begründung finden.

Das Angebot ist zu knapp im Verhältnis zur Nachfrage; darin stimmen die Urteile aller Sachverständigen überein, und dieser Tatsache vor allem verdankt die amerikanische Spekulation ihre Erfolge.

Wer also nur die Auswüchse der Spekulation bekämpfen will, fasst das Uebel nicht bei der Wurzel, sondern beschränkt sich auf die Behandlung der Symptome. Der Baumwollvorrat muss vergrössert werden durch Ausdehnung des Baumwollanbaues, davon allein kann wirkliche Hilfe kommen.

Auf welche Weise soll dies geschehen?

Auf der einen Seite tröstet man sich mit der angeblich noch unbegrenzten Ausdehnungsfähigkeit der amerikanischen Baumwollkultur. Man weist darauf hin, dass die im Jahre 1903 im Cottonbelt mit Baumwolle bepflanzten 29 Millionen Acres nur erst 7 pCt. des Gesamtareals in diesem zum Baumwollanbau prädestinierten Gebiet darstellen, dass Texas allein imstande wäre, die jetzige Gesamternte der Union hervorzubringen. Es sei mit Sicherheit zu erwarten, dass diese günstigen Verhältnisse auch ausgenutzt würden; die riesige Vermehrung des Baumwollareals in den letzten 20 Jahren — 15,4 Millionen Acres im Jahre 1880, 24,9 Millionen im Jahre 1898 — biete dafür die beste Gewähr. Man möge das Börsenspiel in Baumwolle bekämpfen, anderweitige Massnahmen seien nicht geboten.

Diese Auffassung der Lage findet anscheinend eine Stütze in der neuesten Gestaltung der amerikanischen Baumwollproduktionsverhältnisse. Im neuen Baumwolljahre hat das amerikanische Baumwollareal eine fast beispiellose Vergrösserung erfahren. Das landwirtschaftliche Bureau in Washington schätzt die Zunahme auf 9,8, andere Autoritäten sogar auf 11,63 pCt. Daraufhin wurden Schätzungen des voraussichtlichen Ertrages in die Welt gesetzt, die angeblich allen Sorgen und Beklemmungen der Baumwollverbraucher ein Ende machen müssen.

Solcher optimistischen Beurteilung lassen sich jedoch die allergewichtigsten Einwände gegenüberstellen.

Geeigneter Boden für die Ausdehnung der Baumwollkultur ist allerdings in den Vereinigten Staaten noch in Fülle vorhanden; darauf allein aber kommt es nicht an. Die Beschaffung der nötigen Arbeitskräfte stösst auf ernste Schwierigkeiten. Die Führer der amerikanischen Spekulation haben es offen ausgesprochen, dass sie hierin vornehmlich die starke Stütze für ihre Preistreibereien erblicken. „Der Aufschwung der industriellen und der Mineninteressen des Südens entzieht der Baumwollkultur die besten Arbeiter und die Einwanderung ist mit Ausnahme von Texas gleich Null.“ Man sollte meinen, dass die ganz exorbitanten Baumwollpreise der allerneuesten Zeit der Baumwollkultur Arbeitskräfte in Fülle sichern müssten; eine solche Annahme wird aber durch die Berichte von Ort und Stelle durchaus widerlegt. So heisst es in einem Bericht aus New-York vom 26. März d. Js. „Im Süden geht die Farmindustrie einer ernstlichen Krisis entgegen und zwar wegen der sich in schwerer Weise fühlbar machenden und tatsächlich zunehmenden Knappheit in dem Angebot von farbigen Landarbeitern. Die Klage über diesen Missstand ist eine allgemeine, und die südlichen Farmer stehen einer Situation gegenüber, wie solche seit vielen Jahren nicht bestanden hat. Wohin die für Ackerbauzwecke im Süden sich am besten eignenden farbigen Arbeiter, an denen früher kein Mangel war, sich gewandt haben, erscheint schwer zu beantworten.

Wie dem auch sei, tatsächlich fehlt es an farbigen Arbeitern und ansehnliches Areal liegt deshalb brach."

Auf dem Kongress nordamerikanischer Baumwollindustrieller Ende April 1904 sprach sich der Vorsitzende der New England Cotton Manufacturers in gleichem Sinne aus. Auch er betonte, dass die Baumwollnot nicht nur auf spekulative Bewegungen der Baumwollbörsen in New-Orleans und New-York zurückzuführen sei, sondern auch mit den eigentümlichen Arbeiterverhältnissen der südstaatlichen Baumwollgebiete zusammenhänge. Der dort herrschende grosse Arbeitermangel werde durch die Einwanderung von Farmern aus dem Norden, dem Zentrum und dem Westen der Vereinigten Staaten, die sich als ein Gegenstück zur Farmerauswanderung über die Nordgrenze nach Kanada entwickelt hat, nur zum kleinen Teil gedeckt.

Bestände der Arbeitermangel aber auch nicht, wäre mit Sicherheit auf rasche Ausdehnung und dementsprechend grösseren Ertrag der amerikanischen Baumwollkultur zu rechnen, für Europa und die europäischen Verbraucher bliebe doch die Baumwollfrage eine Quelle ständiger Sorge und Beunruhigung. Wird der grössere Ertrag auch dem Weltmarkte, oder nur Amerika allein zu Gute kommen? Dass diese Frage die europäischen Verbrauchsländer nicht zur Ruhe kommen lässt, ist nur allzu begreiflich. Gegenüber dem alarmierenden Anwachsen der amerikanischen Baumwollindustrie kann Niemand die Augen schliessen. Wenn ihr Verbrauch rascher wächst, als der Ernteertrag, so ist für Europa die Baumwollnot in Permanenz erklärt.

Wie liegen in dieser Beziehung die Verhältnisse?

Vergleicht man die amerikanische Ernte mit dem prozentualen Anteil, der von ihr im eigenen Lande zur Verarbeitung zurückblieb, so ergibt sich folgendes Verhältnis:

	Ernteertrag in tausend Ballen.	Prozentsatz der Ernte, der im eigenen Lande verarbeitet wurde.
1870 . .	. 3,114	28 pCt.
1880 . .	. . 5,761	31 „

1890	7,297	32 pCt.
1891	8,674	30 „
1892	9,018	32 „
1893	6,664	36 „
1894	7,532	30 „
1895 . . .	9,837	29 „
1896 . . .	7,147	35 „
1897 . . .	8,706	32 „
1898	11,216	31 „
1899	11,256	32 „
1900	9,422	39 „
1901	10,339	34 „

Das riesige Anwachsen des Ernteertrages hat also bisher nicht zu verhindern vermocht, dass der für den Export zur Verfügung stehende prozentuale Anteil zusehends kleiner wird. Im Jahre 1870 wurden von einer Ernte von 3,1 Millionen Ballen 28 pCt. im Inlande verarbeitet, 1899, dem Jahre des bisher höchsten Ernteertrages, von einer Ernte von 11,2 Millionen Ballen 32 pCt. Im Jahre 1900, dessen Ernteertrag im Vergleich zum Vorjahre allerdings einen starken Rückgang aufzuweisen hatte, aber doch noch immer mehr als dreimal so gross war, wie der Ertrag des Jahres 1870, stieg der eigene Bedarf schon auf 39 pCt.

Noch drastischere Zahlen ergeben sich, wenn man ausschliesslich die Entwicklung der Verhältnisse in den Südstaaten ins Auge fasst, wie sie folgende von J. L. Watkins, Baumwoll-Sachverständiger im statistischen Bureau des landwirtschaftlichen Departements in Washington, aufgestellte Tabelle wiederspiegelt:

	Ernteertrag in Ballen	Verbr. in Ballen	Prozents. d, Verbrauchs v. Ernteertrag
1849/1850 . .	2,469,093	80,300	3,3
1869/1870 . .	3,011,994	83,068	2,8
1889/1890 . .	7,472,511	526,856	7,1
1894/1895 . .	9,901,251	853,352	8,6
1899/1900 . .	9,142,838	1,570,812	17,2

1900/1901 . .	10,401,453	1,576,782	15,2
1901/1902 . .	10,663,224	1,881,132	17,6
1902/1903 . .	10,630,945	1,925,954	18,1

Dies Anwachsen des auf den eigenen Bedarf entfallenden Anteils trotz riesiger Steigerung der absoluten Ziffer des Ernteertrages lässt erkennen, in welchem Tempo die amerikanische Baumwollindustrie zunimmt. In den Südstaaten betrug die Spindelzahl

1849/1850	245,810
1869/1870	344,046
1889/1890	1,554,000
1894/1895	2,382,781
1899/1900	4,999,587
1900/1901	5,590,783
1901/1902	6,522,622
1902/1903	7,100,292

Die allerneuesten Nachrichten beziffern ihre Zahl auf über 8 Millionen. Die Union als Ganzes hat einen Jahresbedarf von 4,2 Millionen Ballen Baumwolle erreicht und ist damit an die Spitze aller Baumwolle verbrauchenden Länder getreten. England, das so lange die führende Stelle behauptete, ist ins Treffen zurückgedrängt.

Um die bedrohliche Aussicht einer chronischen Knappheit an Baumwolle für Europa als leeres Schreckgespenst bezeichnen zu können, wird auf die absolute Ziffer der amerikanischen Baumwollausfuhr verwiesen, deren Bewegung angeblich alle derartigen Befürchtungen ad absurdum führen soll. Zuzugeben ist, dass es auf diese absolute Ziffer natürlich in erster Linie ankommt; der auf den eigenen Bedarf entfallende prozentuale Anteil des gesamten Ernteertrages könnte zunehmen, gleichzeitig aber doch noch ein seiner absoluten Zahl nach immer grösseres Quantum für die Ausfuhr übrig bleiben. Trifft dieser an sich mögliche Fall auf die jetzigen Verhältnisse zu? Die amerikanische Baumwollausfuhr betrug:

1870 .	958 Mill. Pfund
1880	1822 „ „

1890	2471 Mill. Pfund
1895	3517 „ „

Diesem rapiden, gleichmässigen Anwachsen gegenüber zeigt die spätere Entwicklung ein wesentlich anderes Bild. Die Ausfuhr betrug:

1896	2335 Mill. Pfund
1897	3103 „ „
1898	3850 „ „
1899	3773 „ „
1900	3100 „ „
1901	3330 „ „
1902	3500 „
1903	3543 „ „

Deutlich tritt in diesen Zahlen zu Tage, dass die aufsteigende Entwicklung ihren Höhepunkt erreicht hat, bereits stagniert, dass, wenn der Eigenbedarf der amerikanischen Industrie in gleichem Tempo, wie bisher, zunimmt, ein Rückgang in der Ausfuhrmenge durchaus wahrscheinlich ist.

Was das zu bedeuten hat, ergibt sich ohne weiteres aus dem raschen Anwachsen der europäischen Baumwollindustrie, das eine stetig wachsende Nachfrage nach amerikanischer Baumwolle zur Folge haben muss.

Das britische Board of Trade berechnet die Spindelzahl folgendermassen:

Die Spindelzahl betrug

	in England	auf dem europäischen Kontinent
1870	37,7	13,0 Mill.
1880	44,5	21,0 „
1890	44,5	26,0 „
1900	46,2	32,0 „
1903	47,9	33,0 „

Es wäre eine interessante Aufgabe, dies Anwachsen zahlenmässig auch in den einzelnen kontinentalen Ländern nachzuweisen. Mangels zuverlässiger Zahlen beschränken wir uns darauf, aus der amerikanischen Statistik einige charakteristische Daten vorzuführen, die dem zunehmenden Baumwollhunger der europäischen Länder veranschaulichen. An Baumwolle wurde aus Amerika exportiert:

	im Fiskaljahre 1891/1892	1902/1903	
nach Deutschland	482	917	Mill. Pfd.
„ Frankreich	346	390	„ „
„ Italien	85	208	„ „
„ Spanien	93	116	„ „
„ Belgien	67	75	„ „

Von Grossbritannien abgesehen, wo eine mehr stagnierende Tendenz in der Entwicklung der Baumwollindustrie und des Baumwollbedarfs sich bemerkbar macht, ergibt sich in den Ländern des übrigen Europa ein überaus rascher Fortschritt.

Der Durchschnittsverbrauch an Baumwolle stellte sich in Ballen zu je 500 Pfund englisch

	1895 Durchschnittsmenge der Jahre 1890/1895	1900 Durchschnittsmenge der Jahre 1895/1900
in England	3 161 000	3 356 000
auf dem europ. Kontinent	3 874 000	4 586 000

Die Baumwollkulturen der übrigen Länder haben Amerika nicht entlastet. Die deutsche Baumwolleinfuhr der letzten Jahre zeigt nach der deutschen Statistik folgendes Bild:

	Gesamteinfuhr in 1000 dz	davon aus der Union	aus anderen Ländern	Prozentsatz der nicht amerikanischen Zufuhr v. d. Gesamteinfuhr
1897 . . .	3024	2252	772	rund 25 pCt.
1898 . . .	3570	2859	711	„ 20 „
1899 . . .	3307	2585	722	„ 22 „
1900 . . .	3131	2562	569	„ 18 „
1901 . . .	3322	2563	765	„ 20 „
1902 . . .	3483	2670	813	„ 23 „
1903 . . .	3824	2680	1144	„ 30 „

Selbst die ganz exorbitanten Preissteigerungen der amerikanischen Baumwolle während der Jahre 1902 und 1903 haben den Anteil der übrigen Länder an unserer Baumwollversorgung nur wieder bis auf 23 resp. 30pCt. zu heben vermocht.

Für Europa wird die Baumwolldecke immer kürzer, weil auch nicht europäische Länder immer grössere Mengen amerikanischer Baumwolle konsumieren. Britisch Nordamerika bezog im Jahre 1891/1892 39,6, 1902/1903 58,9 Millionen Pfund, Japan in ersterem Jahre nur 1,5, in letzterem dagegen schon 71,4 Millionen.

Das Bild der chronisch gewordenen Baumwollnot braucht man nicht zu vervollständigen durch Betrachtungen über ein amerikanisches Baumwollausfuhrverbot oder einen Ausfuhrzoll. Auch wenn man derartige Eventualitäten in das Reich des Unwahrscheinlichen oder Unmöglichen verweisen will, sind für die europäischen Verbrauchsländer Gründe allerdringlichster Art genug vorhanden, sich von Amerika zu emanzipieren. Das kann nur geschehen durch Förderung der Baumwollzucht ausserhalb des Gebiets der amerikanischen Union.

Selbstverständlich muss man sich fragen, ob solche Pläne auch ausführbar sind, ob das ganze nicht eine Jagd nach leeren Phantomen bedeutet. Zahlreiche Stimmen sprechen sich in diesem Sinne aus und leugnen die Möglichkeit, das amerikanische Baumwollmonopol jemals brechen zu können.

Demgegenüber ist es von Interesse, festzustellen, wie man in Amerika selbst darüber denkt. Am Schlusse eines viel beachteten Berichts kommt der amerikanische Generalkonsul Mason in Berlin zu folgendem Ergebnis: „Es mögen viele Jahre vergehen, ehe der europäische Kreuzzug nach Kolonialbaumwolle zum Ziele führt; aber, mag es uns gefallen oder nicht, früher oder später wird der Tag kommen, an welchem die Baumwolle unserer südlichen Höhen und Täler nicht mehr über die Grenzen der Vereinigten Staaten hinaus herrschen wird."

Dies Urteil hat natürlich drüben lebhaften Widerspruch hervorgerufen, scharfe Angriffe erfolgten auf den Mann, der es wagte, amerikanischen Geschäftsinteressen so widerstreitende Ansichten in die Welt zu setzen. Er war aber nicht der erste Amerikaner, der sich solcher Versündigung schuldig machte. Schon vor ihm hatte ein anerkannter Sachverständiger auf dem Gebiete der amerikanischen Baumwollkultur, C. P. Brooks, Direktor of the American Correspondence School of Textiles, in seinem klassischen Buche „Cotton“ der Welt verraten, dass die Produktionsverhältnisse in Amerika keineswegs so günstig liegen, dass jeder Versuch, das amerikanische Monopol zu brechen, von vornherein als aussichtslos bezeichnet werden müsste.

Der Baumwollbau beruht in Amerika bekanntlich überwiegend auf dem sogenannten „share system“, der Farmer besitzt den Grund und Boden nicht zu Eigentum, sondern ist Pächter. Unverhältnismässig hohe Pachtkosten fallen ihm zur Last, obwohl der Kaufpreis des Grund und Bodens nach Abschaffung der Sklaverei stark gefallen ist.

Was Brooks ausführt über die Verteuerung der Gestehungskosten durch das share system ist durchaus geeignet, die pessimistischen Prophezeihungen Masons als glaubhaft erscheinen zu lassen.

An der Förderung der Baumwollzucht ausserhalb des Gebiets der amerikanischen Union mitzuwirken, hat auch Deutschland mit Rücksicht auf seinen Baumwollverbrauch ein hervorragendes Interesse.

Die technischen Vorzüge der Baumwolle vor anderen Faserstoffen bedingen es, dass ihre Verwendung sich immer mehr auf Kosten ihrer Konkurrenten, Flachs, Wolle, Seide, ausdehnt. Die rein-wollenen, -leinenen, -seidenen Stoffe treten immer mehr zurück vor den halbleinenen, der Halbwolle und der Halbseide, ein immer grösserer Teil der gesamten Textilindustrie wird so zum Konsumenten von Baumwolle. Dementsprechend wächst der Kreis der Interessenten bei der Baumwollfrage.

Um die verschiedenartigen Baumwollfabrikate herzustellen, die im modernen Kulturleben eine so grosse Rolle spielen, muss die Baumwolle zunächst gesponnen werden; die Spinnereien sind die Käufer der Rohbaumwolle und deshalb in erster Linie daran interessiert, ob dieser Rohstoff in genügenden Mengen da ist, und wie der Preis sich stellt. Sie sind die Geschädigten, wenn die Preisbewegung statt in ruhigen, gleichmässigen Bahnen zu verlaufen, sprunghaft nach unten oder oben sich vollzieht, und damit die Wahl des Zeitpunktes für den Einkauf zum Wagnis folgenschwerster Art sich gestaltet. Hat der Spinner sich vergriffen in der Wahl dieses Zeitpunktes und hohe Preise angelegt, während hinterher ein Preissturz erfolgt, so ist die Kalkulation seiner Fabrikatpreise über den Haufen geworfen, ein Absatz seiner Garne vielleicht nur noch unter Verlusten möglich.

Die Knappheit der Baumwolle, die Preistreiberei der Spekulation wirkt zurück auf den Preis der Baumwollgarne und verteuert so den Webereien das notwendige Rohmaterial. Auch sie gehören also zu den Geschädigten, deren Kreis sich weiterhin ausdehnt, wenn man die sogenannten Hilfsindustrien ins Auge fasst, die sich mit dem Veredeln der fertigen Stoffe beschäftigen, appretieren, färben, bedrucken. Letztere können nur prosperieren, wenn Spinnereien und Webereien zahlreiche und lohnende Aufträge liefern.

In direkter Abhängigkeit von der Textil- und Textilveredlungsindustrie stehen wieder zahlreiche andere Produktionszweige, die mehr oder weniger ausschliesslich für den Bedarf der ersteren arbeiten. Die hoch entwickelte chemische Industrie, die Industrie der Farben und Farbstoffe gehört vor allem dazu. Ihre Rentabilität ist mit dem Wohlergehen der Textilindustrie auf das allerengste verknüpft.

Welche Bedeutung an Kapital und Arbeit repräsentieren diese Produktionszweige?

Zahlenmässige Berechnungen der in den zugehörigen Etablissements investierten Kapitalien liegen nicht vor, wohl aber andere Daten, die nach dieser Richtung lehrreichen Aufschluss geben, so vor allem die Produktionsstatistik des Reiches vom Jahre 1897. Die in diesem Jahre erzeugten baumwollenen Webwaren stellten allein einen Wert von 448,4 Mill. M. dar, an baumwollenen Näh-, Häckel- und Strickgarn wurde hergestellt für 29,1 Mill. M., an Gardinen für 13,3 Mill. M. Hierzu treten noch diejenigen Ganzfabrikate der Leinen-, Wollen- und Seidenindustrie, die mit Baumwolle gemischt sind. Aus der offiziellen Produktionsstatistik ist in erster Linie der Posten „gemischte Webwaren" hierher zu rechnen, dessen Wert mit 114,9 Mill. M. angegeben wird. Auch noch in anderen Posten stecken sehr bedeutende Baumwollinteressen, so in den Positionen „Wirkwaren" 141,3 „Posamenten" 104, „Stickereien" 52,7 Mill. M.

Was die betr. Industriezweige für die Beschäftigung deutscher Arbeiter bedeuten, lehrt die allerdings schon fast ein Dezennium zurückliegende, letzte Berufszählung. Im Jahre 1895 waren in der gesamten Textilindustrie beschäftigt 993 257 Personen. Rechnet man deren Familienanhang hinzu, so wächst diese Zahl auf 1 899 904 Köpfe. Die in der Textilindustrie erwerbstätigen Personen hatten sich im Vergleich zur Berufszählung des Jahres 1882 um 9pCt. vermehrt. Die Baumwollspinnerei allein zählte im Jahre 1895 74 807 erwerbstätige Personen, die Baumwollweberei deren 147 121, gegen das Jahr 1882 ein Zuwachs von 22,4 resp. 17,1 pCt.

Schon diese wenigen Zahlen genügen, um die an der Baumwollverarbeitung beteiligten Interessen als hochbedeutsamen Faktor in der deutschen Volkswirtschaft erscheinen zu lassen. Sie beleuchten aber doch nur die eine Seite der Sache, das Produktionsinteresse; betrachtet man daneben die andere, den Konsum von Baumwollwaren, so deckt sich der Kreis der Interessenten ohne weiteres mit der Gesamtheit der Bevölkerung. Für das Kulturleben der Gesamtheit ist es nicht gleichgiltig, ob ein Bedarfsartikel von so elementarer Bedeutung hoch oder niedrig im Preise steht, ob auch die unbemittelten Schichten sich reichlich oder nur dürftig mit ihm versehen können. Mit Recht gilt auch der Verbrauch von Baumwollwaren als Gradmesser der Zivilisation; mit hoher Freude ist es zu begrüssen, dass bei uns der Konsum von Baumwolle pro Kopf der Bevölkerung von 0,34 kg im Jahre 1840 auf 5,73 kg im Jahre 1901 gestiegen ist.

Die Verteuerung der Rohbaumwolle fällt in letzter Linie auf die Baumwollfabrikate verbrauchende Gesamtheit zurück. Die Gesamtheit hat den Mehrbetrag von 117 Mill. M. aufgebracht, den wir für Baumwolle im Jahre 1903 im Vergleich zum Vorjahre zahlen mussten.

„Mögen die Interessenten die Initiative ergreifen, Kosten und Lasten auf ihre Schultern nehmen; der Staat hat nur da mitzuwirken, wo ein Interesse der Allgemeinheit auf dem Spiele steht.“ So ertönt es heute bei allen möglichen Gelegenheiten angesichts der wachsenden Neigung, dem Staate alles aufzubürden und von ihm alles zu erwarten. Ist diese Mahnung auch am Platze gegenüber einer Aufgabe, wie Förderung der Baumwollzucht?

Sicherlich rechtfertigen schon die obigen kurzen Hinweise den Zweifel an der Richtigkeit einer solchen Unterscheidung; sie führen die Betrachtung aber noch nicht auf diejenige höhere Warte, von der aus sich die Baumwollfrage in allen ihren grossen Perspektiven enthüllt. Dazu muss das amerikanische Monopol in seinen allgemeinen volkswirtschaftlichen Rückwirkungen, in seinem Zusammenhang mit anderen grossen Fragen von höchster Aktualität eingehend gewürdigt werden.

Export und Landwirtschaft als Interessenten der Baumwollfrage.

Die Zukunft des deutschen Exports verdunkeln schwere Wolken. Drohend steht der handelspolitische Systemwechsel in England am Horizont, englische Kolonien haben bereits angefangen, unsere Ausfuhr schlechter zu behandeln, als die des Mutterlandes.

Doch nicht der Druck von dieser Seite ist es, den wir am schwersten empfinden. Der Konkurrent jenseits des Ozeans, die amerikanische Gefahr bildet die grössere Sorge. Werden wir uns neben Amerika behaupten?

Amerika schwelgt heute im Vollgefühl seiner Kraft, seiner Unentbehrlichkeit im Haushalte der Welt. Wie keine andere ist die amerikanische Volkswirtschaft ausgezeichnet durch natürlichen Reichtum*); aus ihm entspringt jener Kräfteüberfluss, der so imponierend nach aussen, so berauschend auf das amerikanische Selbstgefühl einwirkt.

„Die Bedürfnisse der Menschen, so schreibt Austin, der bekannte Statistiker und Chef des amerikanischen statistischen Bureaus, lassen sich sämtlich in wenige Gruppen einreihen: Nahrung, Kleidung, Heizung, Beleuchtung und fabrizierte Waren. Wir sind die Hauptlieferanten der wichtigsten aller dieser Bedürfnisse.

Wir produzieren mehr Weizen, als irgend ein anderes Volk, wir liefern 40 pCt. alles Fleisches, das in den Welt-

*) Siehe Goldberger, Land der unbegrenzten Möglichkeiten, Kapitel VII „Der Nationalreichtum“.

handel kommt. Dreiviertel aller Baumwolle wächst bei uns, unsere Kohlenförderung übersteigt die jedes anderen Landes, an Petroleum haben wir in den letzten 10 Jahren für mehr als 500 Mill. Dollar an das Ausland verkauft. Auch auf industriellem Gebiete ist die Union der grösste Produzent. Im Jahre 1860 stand sie an vierter Stelle unter den Industrieländern, England, Frankreich, Deutschland waren ihr voraus; 1896 schon hatte sie den ersten Platz erobert; seitdem nimmt ihre Produktion in einem Masse zu, dass sie heute ganz oder nahe zu derjenigen von England, Deutschland, Frankreich zusammen gleichkommt."

Eine *aktive Handelsbilanz von wahrhaft imponierender Grossartigkeit* kennzeichnet den amerikanischen Aussenhandel. Amerika führte im Jahre 1903 nach Europa für 1067,6 Mill. Dollars Waren aus und kaufte von dort nur für 527,8 Mill.; im Verkehr mit Grossbritannien

	543,7 Mill. Dollars	Ausfuhr
	176,7 „ „	Einfuhr,
im Verkehr mit Deutschland . .	224,5 Mill.	Ausfuhr
	122,2 „	Einfuhr,

im *deutsch-amerikanischen Verkehr* ein Saldo zu Gunsten Amerikas, das im Jahre 1893 erst 72,4 Mill. M. ausmachte, dann aber wie im Fluge zu nachstehenden Dimensionen sich auswuchs:

1893	72,4	Mill.
1894	179,5	„
1895	114,4	„
1896	145,1	„
1897	255,3	„
1898	543,2	„
1899	516,3	„
1900	664,0	„
1901	601,1	„

In ungeheuren Mengen wirft Amerika seine Waren auf unseren Markt; daheim aber schliesst es die Tore mit Zöllen, die nur eine schmale Eingangspforte der fremden Einfuhr noch offen lassen. Kein anderes Land der Welt hat bisher gewagt, ein System, so herausfordernd und fremder Interessen nichtachtend, mit gleicher Schroffheit durchzuführen.

Auf schutzzöllnerischen Boden stellen sich heute, von England abgesehen, alle grossen Kulturstaaten. Aber da sie auch alle exportbedürftig sind, muss ihre Schutzzollpolitik Kompromisse schliessen mit den Wünschen anderer Länder. Das nötigt zur Politik der Tarifverträge, d. h. zur Ausgestaltung des Zolltarifs unter Mitwirkung des Auslandes auf dem Wege friedlicher Verständigung.

Eine solche Rücksichtsnahme lehnt Amerika mit beharrlicher Konsequenz ab. Zwar liest man im amerikanischen Zolltarifgesetz auch von sogenannten Reziprozitätsverträgen, durch die amerikanische Zölle herabgesetzt werden können. Von der Befugnis zum Abschluss wird aber kein ernsthafter Gebrauch gemacht. In den wenigen Verträgen, die mit europäischen Staaten bestehen, sind die Zollermässigungen beschränkt auf solche Artikel, die in der Gesamtausfuhr der betreffenden europäischen Länder nur eine geringe Rolle spielen.

Vom Uebergang zu einer Politik wirklicher Zugeständnisse war zwar oft schon die Rede; doch es blieb bei leeren Worten, die schutzzöllnerischen Interessen erwiesen sich stets mächtig genug, einen Systemwechsel zu verhindern. Während falsche Propheten sich mühen, der Welt Sand in die Augen zu streuen, präzisierte der republikanische Parteitag aus Anlass der bevorstehenden Präsidentenwahl mit nicht misszuverstehender Deutlichkeit seinen Standpunkt zur Sache dahin: „Der Schutzzoll soll für jede Ware so gross bleiben, wie die Differenz zwischen den einheimischen und den ausländischen Produktionskosten; nur solche Reziprozitätsverträge dürfen abgeschlossen werden, die mit den Grundsätzen des Schutzzolls vereinbar und ohne Schaden sind für den amerikanischen Ackerbau, die amerikanische Industrie und den amerikanischen Arbeiter."

Gegen uns und unsere Interessen richtet das amerikanische System vornehmlich seine Spitze. Amerika geniesst bei uns die Meistbegünstigung auf der ganzen Linie, zu dem ermässigten Sätzen unseres Vertragstarifs kommt sein Getreide auf den deutschen Markt,

im Jahre 1902	Weizen im Betrage von	134,1 Mill. M.
	Mais " " "	7,2 " "
	Roggen " " "	6,0 " "

Zollermässigungen auf Grund des deutschen Vertragstarifs genossen ausserdem Bau- und Nutzholz im Werte von 21,2 Mill. M., Fleisch im Werte von 6,9 Mill. M.

Das Missverhältnis springt in die Augen, wenn man dieser noch nicht einmal vollständigen Aufzählung die Gegenleistung in Gestalt amerikanischer Zollermässigung für deutsche Ausfuhr nach Amerika gegenüberstellt. Die uns gewährte Zollermässigung beschränkte sich auf unseren Export von

Wein	in Höhe von	5116000 M.
Branntwein	" " "	455000 "
Gemälde und Zeichnungen .	" " "	930000 "
Bildhauerarbeiten	" " "	6000 "
Weinstein und Weinsteinhefe	" " "	2000 "

Die Erregung ob solchen Missverhältnisses wächst täglich, in immer stärkeren Tönen kommen die Klagen. Die Industrie protestiert gegen amerikanische Zölle und Zollschikanen, die Landwirtschaft gegen die Zollermässigungen, die amerikanischem Getreide gewährt werden, ohne damit unserer Ausfuhr zu nutzen. Welche Folge soll diesem Protest gegeben werden?

Seit langem wird versucht, auf dem Wege freundschaftlicher Einwirkung etwas durchzusetzen. Ausgesuchte Höflichkeiten sind den offiziellen Machthabern, den im politischen und gewerblichen Leben führenden Persönlichkeiten, dem amerikanischen Staatswesen als solchem in ganz ungewöhnlichem Masse erwiesen. Aus der näheren persönlichen Berührung, so wurde versichert, werde das gegenseitige bessere Verständnis, die Bereitwilligkeit, auch den Bedürfnissen des anderen Teiles Rechnung zu tragen, ganz von selbst sich ergeben. Allmählich jedoch gehen über die Untauglichkeit dieses Mittels auch weiteren Kreisen bei uns die Augen auf. Man fordert eine andere Taktik, die mehr Eindruck macht, die Taktik der Vergeltung durch zollpolitische Massnahmen.

Wozu haben wir uns handelspolitisch gerüstet? Gebrauchen wir die Waffe des Tarifs auch Amerika gegenüber, unterwerfen wir die amerikanische Einfuhr den höhereu Sätzen unseres autonomen Tarifs, bis gleichwertige Gegenleistungen für Gewährung unseres Vertragstarifs zugesichert werden. Diese Mahnung ergeht heute nicht nur aus dem agrarischen, sondern auch aus dem industriellen Lager, wo die amerikanische Praxis, durch Zollschikanen die Abschliessung zu verstärken, täglich neue Verstimmung hervorruft.

Damit wird das andere Extrem gefordert, das schon wegen dieser Eigenschaft bei allen denen sich keiner Beliebtheit erfreut, die die Fortdauer friedlicher Verhältnisse als oberste Bedingung des Gedeihens von Handel und Wandel ansehen. Der Tarifkampf würde in kürzester Frist zum Zollkriege sich auswachsen, bei dem im voraus nur das eine sicher ist, dass er hüben wie drüben schwere Wunden schlägt und nur zu leicht zu dauernder nationaler Entfremdung führt.

Nicht auf die zollpolitische Auseinandersetzung ist der Hauptnachdruck zu legen; von innen heraus ist die Situation zu ändern, in der sich jetzt beide Völker gegenüberstehen.

Auf der weltwirtschaftlichen Konjunktur, die Amerika unentbehrlich macht, beruht seine Stärke, beruht die Ueberzeugung der führenden Kreise, der übrigen Welt das amerikanische System auferlegen zu dürfen. Voll Siegeszuversicht weist hierauf die amerikanische Presse hin. „Die auf uns angewiesen sind, können Zollfeindlichkeiten gegen uns nicht eröffnen“, so wird es alle Tage dem Lande verkündet, und die Vertreter der amtlichen Kreise äussern sich in gleichem Sinne.

Ist die weltwirtschaftliche Konjunktur, wie sie heute besteht, etwas unabänderliches, oder gibt es

Mittel und Wege, sie zu unseren Gunsten zu ändern? Diese Frage stellt uns vor eine dankbarere Aufgabe, als Tarifkämpfe und Zollkriege durchzufechten. Sie rät zu einer anderen zweckmässigeren Taktik Amerika gegenüber. Je mehr es gelingt, Amerikas Unentbehrlichkeit zu untergraben, desto stärkerer Widerstand muss im eigenen Lande dem heutigen System erwachsen. Der Widerstand im eigenen Lande ist heute schon da. Er stützt sich in erster Linie auf diejenigen Kreise, die als Konsumenten die Verteuerung der Lebenshaltung durch Schutzzoll und Trust empfinden. Das ihm aus dem Kreise der Ausfuhrinteressenten bisher nur so wenig Unterstützung zu Teil wird, begreift man, wenn man die Rangordnung der amerikanischen Ausfuhrgüter durchmustert. An erster Stelle rangierten im Jahre 1903

Baumwolle mit einem Ausfuhrwert von	378,5	Mill.	Doll.
Brotstoffe (Mais, Weizen, Weizenmehl) mit einem Ausfuhrwert von	200,0	„	„
Provisionen (Rindfleisch, Schweinefleisch, Talg, Speck, Schinken oder Käse) mit einem Ausfuhrwert von	181,4	„	„
Mineralöl mit einem Ausfuhrwert von	72,6	„	„
Vieh mit einem Ausfuhrwert von .	42,5	„	„

Es sind die bekannten Waren, bei denen die Unentbehrlichkeit Amerikas sich so scharf akzentuiert, die auf Grund der heutigen Marktlage sich so wenig zum Gegenstand zollpolitischer Repressalien eignen.

Die Produzenten dieser Güter kann das heutige System nur wenig schädigen, solange die jetzige Marktlage fortbesteht. Ein eigentlicher Kampf um den Markt, der durch zollpolitische Massnahmen zu Gunsten des einen oder des anderen Konkurrenten entschieden werden könnte, existiert kaum, oder wie bei Baumwolle, überhaupt nicht; daher die Gelassenheit oder der geringe Widerstand, dem an dieser Stelle das heutige

System begegnet. Eine andere Stimmung würde einsetzen an dem Tage, an dem die monopolartige Stellung Amerikas auf dem Markte dieser Waren in Frage gestellt erscheint. Je mehr es möglich sein wird, die Hauptstapelartikel der amerikanischen Ausfuhr auch aus anderen Bezugsquellen in gleicher Güte und zu gleichen Preisen zu beziehen, um so mehr wird Amerika auf das Wohlwollen seiner bisherigen Abnehmer angewiesen sein. Für solche Verschiebung der Lage hat man auch drüben ein feines Verständnis.

Bei solchen Erwägungen fällt der Blick ganz von selbst in erster Linie auf die Baumwolle. Sie ist dem Werte nach der bei weitem bedeutendste Artikel der amerikanischen Ausfuhr, erst in weitem Abstand folgen die anderen grossen Stapelartikel; bei ihr in ganz besonderem Masse ist man berechtigt, von einem amerikanischen Monopol zu sprechen. Begierig stürzt sich die Nachfrage auf das Angebot. Es gibt keine Konkurrenz, die es ermöglichte, den Bedarf anderswo einzudecken.

Würde durch Förderung der Baumwollzucht ausserhalb der Union das Monopol der amerikanischen Versorgung durchbrochen, so würden sich verschiedene Konkurrenten um den Absatz auf den europäischen Märkten streiten. Man könnte dort wählen zwischen verschiedenen Bezugsquellen, die Behandlung der amerikanischen Baumwolle abhängig machen von der freundlichen oder unfreundlichen Haltung, die Amerika europäischen Waren entgegenbringt. Die Baumwolle würde in die Reihe der handelspolitischen Kompensationsobjekte einrücken, an denen Europa Amerika gegenüber heute so arm ist. Was das zu bedeuten hat, lehren die Zahlen der heutigen Baumwollausfuhr; das Schwergewicht der Interessen, das sich in ihnen verkörpert, würde zu Gunsten des Systemwechsels in die Wagschale fallen.

Ein weiteres kommt noch hinzu. Es ist nicht allein die Sperrung des amerikanischen Marktes, was für uns und unseren Export die amerikanische Gefahr ausmacht. Auf allen Märkten der Welt stossen wir auf die amerikanische Konkurrenz, die mit grossartigen finanziellen Mitteln, grossartigem technischen Können, mit ganz besonders ausgebildeter, eigenartiger Begabung für das Geschäft arbeitet.

Wie stärken wir unsere Stellung gegenüber der amerikanischen Expansion? Diese Frage durchzieht heute alle wirtschaftlichen Betrachtungen; sie bildet den Kernpunkt aller Untersuchungen betr. die Förderung des deutschen Exports.

Mehr als 6 Milliarden betrug unsere Einfuhr im letzt verflossenen Jahre; haben wir für unseren Export nutzbar gemacht, dass wir für eine solche Summe auf dem Weltmarkt kaufen? Kommt der gewaltige Kauf unserem Verkauf in entsprechender Weise zu Gute?

Der bedeutendste Artikel unserer Einfuhr ist dem Werte nach die Baumwolle, von der wir heute allein aus Amerika für 200 bis 300 Mill. M. jährlich beziehen. Eine so riesige Summe fliesst hinüber in den Schoss einer Volkswirtschaft, die uns den eigenen Markt versperrt, auf den neutralen Märkten uns aber gefährlichsten Wettbewerb bereitet. Das amerikanische Baumwollmonopol nötigt zu solcher vom Standpunkt des deutschen Exports so unrationellen und gefährlichen Anlage. Wir haben keine Wahl, wir müssen die Baumwolle von Amerika kaufen.

Was könnte der Baumwollbezug im Interesse des deutschen Exports leisten, wenn er aus Ländern erfolgte, bei denen eine solche Befruchtung ihrer Wirtschaft rückwirkend auch der deutschen Arbeit wieder zu Gute käme?

Solche Länder sind da. In riesiger Ausdehnung streckt sich die Baumwollzone rings um den Erdball, gerade solche Märkte umfassend, auf denen heute der Kampf mit der amerikanischen Konkurrenz besonders lebhaft entbrannt ist. Die Förderung der Baumwollzucht bedeutet einen Schutzwall gegen Amerikas Uebergewicht, eine Verschiebung zu Gunsten Europas, denn auf europäischen Märkten müsste die neue Produktion ihren Absatz suchen.

Also auch zur Bekämpfung der amerikanischen Gefahr im weiteren Sinne, zur Einengung der wirtschaftlichen Expansion Amerikas ist die Förderung der Baumwollzucht ein geeigneter Weg. In diesem Zusammenhange rückt ihre Bedeutung für die Interessen des deutschen Exports erst in die volle Beleuchtung. Es ist nicht der Export nach Amerika allein, sondern der deutsche Export überhaupt, der an der Förderung der Baumwollzucht ausserhalb des Gebiets der amerikanischen Union ein hervorragendes Interesse hat.

Die weiteren Perspektiven der Baumwollfrage führen aber auch zur deutschen Landwirtschaft hinüber.

Die Höhe der Getreidezölle bewegt sich seit ihrer Einführung im Jahre 1879 in aufsteigender Linie. Der neue Tarif ist bereits bei einem Betrage angelangt, den Anfangs niemand für möglich gehalten hätte; mit Recht dürfen die Gegner der Getreidezölle darauf hinweisen, dass sich ihre Behauptung von der Schraube ohne Ende bisher als richtig erwiesen hat.

Wird auch weiterhin eine periodische Steigerung notwendig werden? Dieser Frage stehen nicht nur die grundsätzlichen Gegner jeder Zollbelastung von Brotgetreide mit Besorgnis gegenüber; auch die, die den erhöhten Sätzen des neuen Tarifs noch zugestimmt haben, würden froh sein, wenn sie mit Bestimmtheit verneint werden könnte. Daraus ergibt sich die dringliche Pflicht, alles zu tun, damit die gefürchtete Eventualität nicht eintritt.

Dieser Pflicht gehorchend, ist die Reichsregierung bestrebt, die tarifarischen Massnahmen durch andere zu ergänzen.

Sind dabei die richtigen Wege beschritten, Massregeln ergriffen, von denen man hoffen darf, dass sie an dem jetzigen, unbefriedigenden Zustand etwas wesentliches zu ändern vermögen? Geringschätzig spricht man im Kreise der Landwirtschaft von den sogen. kleinen Mitteln, worunter alles das verstanden werden soll, was bisher, abgesehen von den Getreidezöllen, zur Bekämpfung des landwirtschaftlichen Notstandes geschehen ist. Sicherlich eine sehr unbescheidene Bezeichnung, da auch die angeblich kleinen Mittel meist nur auf Kosten anderer Interessen bewilligt werden können. Und doch kann man die niedrige Einschätzung begreifen, wenn man sich in die Lage der betreffenden hineinversetzt, mit ihren durch das Selbstinteresse geschärften Augen die Wirklichkeit der Dinge betrachtet.

Wer in amtlichen Schriftstücken die Darlegung des landwirtschaftlichen Notstandes liest, erhält kein vollständiges Bild der Lage. Die entscheidende Frage, ob das Massenangebot fremden Getreides eine nur vorübergehende, oder eine dauernde, sich ständig noch verschärfende Erscheinung bildet, wird hier aus begreiflichen Gründen nicht erörtert. Wollte man darauf eingehen, man hätte nur sehr wenig trostreiches zu sagen.

In immer beschleunigterem Tempo erfolgt die Aufschliessung neuer, jungfräulicher Gebietsteile in Uebersee, gewaltige Flächen wachsen jährlich dem in landwirtschaftliche Benutzung genommenen Areale hinzu. Die dadurch bedingte Vermehrung der Produktion bedeutet in erster Linie eine solche von Getreide. Getreide bildet den elementarsten Eigenbedarf der Produzenten; wenn die Produktion über den eigenen Bedarf hinausgeht, so erfährt das Ueberwiegen des Getreidebaues doch keine Aenderung.

Nicht annähernd in gleichem Verhältnis wächst die lokale Bevölkerung, der lokale Konsum von Brotgetreide; ein immer grösseres Quantum steht deshalb für den Export zur Verfügung, muss auf den Weltmarkt geworfen werden. Wie sollte man unter solchen Umständen auf ein Nachlassen des Angebots von überseeischem Getreide auf dem deutschen Markte rechnen dürfen. Die Frachten werden zusehends billiger, nicht teurer, eine weitere Erleichterung kommt dem andrängenden Strome also noch zu Gute.

Darüber gibt sich der einsichtige Teil der deutschen Landwirtschaft wohl auch keinen Illusionen hin, und deshalb wird als einzig durchgreifendes Mittel zur Abwehr die Zollbarriere betrachtet.

Kann man dem bedrohlichen Massenangebot

nicht auf andere Weise steuern, ist es eine Notwendigkeit, dass der Zuwachs der Anbaufläche in gleicher Einseitigkeit, wie bisher, nur dem Getreidebau zu Gute kommt?

Dem Ueberfluss an Getreide steht die Knappheit an Baumwolle gegenüber; die Weltwirtschaft produziert an Getreide zu viel, an Baumwolle zu wenig. Lässt sich zwischen Ueberfluss und Mangel nicht ein Ausgleich durch Regulierung der Produktion herstellen?

Die klimatischen Zonen der Baumwoll- und der Getreideproduktion decken sich allerdings nicht in ganzem Umfange; wohl aber ist die Baumwollzucht in grossen Bezirken solcher Getreideproduktionsländer möglich, die heute an Baumwolle wenig oder gar nichts hervorbringen. Argentinien liefert dafür ein klassisches Beispiel. Die Gesamtanbaufläche Argentiniens betrug schätzungsweise:

im Jahre 1891	2 995 000 ha
im Jahre 1894	5 000 000 „
im Jahre 1902	7 000 000 „

Das Weizenareal bezifferte sich:

im Jahre 1891 auf	1 322 000 „
im Jahre 1902 auf	3 300 000 „

Der Zuwachs der Anbaufläche ist also ganz überwiegend der Weizenproduktion zu Gute gekommen.

Dementsprechend wächst das für den Export zur Verfügung stehende argentinische Weizenquantum. Der Import argentinischen Weizens nach Deutschland betrug:

1897	326 025 dz
1898	833 614 „
1899	2 522 027 „
1900	4 799 285 „
1901	2 237 703 „
1902	1 581 770 „
1903	3 219 809 „

Von argentinischer Baumwolle hat man bisher auf dem Weltmarkte fast nichts gesehen. In der argentinischen Anbaustatistik sucht man vergeblich nach Baumwollareal; es muss so bescheiden sein, dass es nicht besonders aufgeführt wird.

Der Baumwollanbau verkümmert dort, obwohl schon seit langem bekannt ist, dass die Baumwollpflanze in Argentinien vortrefflich gedeiht. Schon in älteren Berichten nordamerikanischer Sachverständiger wird hervorgehoben, dass sie Proben ausgezeichneter Baumwolle in Händen gehabt, die aus den inneren Provinzen Argentiniens stammten, dass Argentinien bei einiger Sorgfalt grosse Quantitäten Baumwolle hervorbringen und sich in diesem Rohprodukt einen Ausfuhrartikel von höchster Bedeutung schaffen könne.

Aus allerneuster Zeit liegen Berichte vor, welche diese älteren Angaben vollauf bestätigen, zugleich aber auch beweisen, dass man im Lande selbst und auch auf dem Weltmarkte die günstigen Aussichten der argentinischen Baumwollkultur zu würdigen anfängt. Der mexikanische Konsul in Buenos-Aires erstattete kürzlich seiner Regierung hierüber ausführlichen Bericht.

„Argentinien hat ausgebreitete, für den Baumwollanbau geeignete Flächen in den Höhen von Uruguayos und Paranaeses. Die argentinische Baumwolle hat ihre vorzügliche Qualität vollständig bewiesen. Wir sahen soeben eine Probe aus Chaco, Kolonie Benitos, welche besser ist als die Baumwolle aus Luisiana. In jener Zone existieren bereits 1300 Hektar Pflanzungen. In der landwirtschaftlichen Ausstellung von Mayo wurde die Baumwolle dem ägyptischen Produkt gegenübergestellt und hat ihre gute Qualität beweisen können. In diesem Jahre wurden bereits 400 Ballen ausgeführt. Das Land exportiert bereits 200000 Ballen Wolle, den vierten Teil des Weltkonsums, und dahin wird es auch mit der Baumwolle kommen."

Der Konsul bezeichnet die Baumwollzucht als die neue Mine der Arbeit, sie sei für Argentinien möglich, zeitgemäss und vorteilhaft. Als hauptsächlichstes Aktionsfeld müsse gegenwärtig das Gebiet von Parana und Corrientes angesehen werden, Uruguayo und andere Bezirke würden später hinzuzunehmen sein. Besonders bemerkenswert ist, dass auch der Berichterstatter anscheinend daran denkt, die Baumwollkultur an Stelle der Getreideproduktion treten zu lassen. Er hebt wenigstens ausdrücklich hervor, dass in den vorgenannten zur Baumwollzucht geeigneten Bezirken heute der Getreidebau vorherrsche.

Noch mehr Bedeutung darf beanspruchen, dass auch der amerikanische Gesandte in Buenos-Aires bereits Untersuchungen über die argentinische Baumwollkultur angestellt hat und sich in einem Bericht nach Washington (von März 1904) sehr günstig darüber ausspricht.

Auf seinen Reisen habe er in den Nordprovinzen Argentiniens und im benachbarten Paraguay ein an Grösse den amerikanischen Staaten Louisana, Mississippi, Alabama, Georgia, und Süd-Carolina gleichkommendes Gebiet festgestellt, das alle erforderlichen Eigenschaften für Einführung der Baumwollkultur aufweise. Klima- und Bodenbeschaffenheit seien zur Erzeugung von Baumwolle bester Güte geeignet, das grosse Gebiet werde bewässert von den Stromgebieten des Uruguay und Parana und biete in diesen Strömen sowie in Eisenbahnen, die teils schon im Betriebe, teils noch im Bau seien, günstige Verkehrswege für den Transport der Baumwolle.

Gegenwärtig befänden sich in Argentinien verschiedene der besten europäischen Kenner der Baumwollkultur. Sie seien der Meinung, dass man in Argentinien in kurzer Zeit eine Baumwollkultur grössten Stils ins Leben zu rufen vermöchte. Auch das Ackerbauministerium Argentiniens habe schon bedeutende Anbauversuche unternommen. Er halte nunmehr das Entstehen grosser Baumwollpflanzungen in Argentinien binnen kurzer Zeit für gesichert und könne seinen Landsleuten nur empfehlen, sich auf einen bedeutenden Wettbewerb von dieser Seite gefasst zu machen.

Weiter aufwärts im grossen Stromgebiete des La Plata liegt der Staat Paraguay, ein Land, das nach verheerenden langjährigen Bürgerkriegen sich jetzt endlich geordneter Verhältnisse erfreut und unter den Segnungen des inneren Friedens ausserordentlich rasche Fortschritte auf wirtschaftlichem Gebiete macht. Zu den Getreide exportierenden Ländern gehört Paraguay heute allerdings noch nicht, aber es steht zu erwarten, dass auch von hier aus in absehbarer Zeit gewaltige Mengen Brotfrucht dem Weltmarkte zuströmen, wenn nicht etwas geschieht, um die dortige Landwirtschaft auf andere Bahnen als die der einseitigen Bevorzugung des Weizenanbaues hinzulenken.

Auch in Paraguay ist die Baumwollstaude heimisch, das Land soll eine vorzügliche Gattung Baumwolle hervorbringen. Sie wurde früher auch nach Europa verschickt und hat, wie ältere Berichte versichern, auf europäischen Märkten eine grosse Wertschätzung erfahren. Die Länge ihrer seidenweichen und doch widerstandsfähigen Faser wurde besonders anerkannt.

Heute spielt auf dem Baumwollmarkte das Produkt von Paraguay keinerlei Rolle. Im Lande selbst aber ist eine Bewegung entstanden, die darauf zielt, Paraguay zu einem grossen Produktionsgebiet von Baumwolle zu machen. Eine Denkschrift*) ist dem Präsidenten der Republik überreicht, in der die Aussichten der Baumwollzucht in Paraguay eine ausserordentlich günstige Beurteilung finden. Der Verfasser beruft sich auf Gutachten aus älterer und neuerer Zeit, insbesondere auf dasjenige eines schweizerischen Sachverständigen (Direktor einer Ackerbauschule in Paraguay), das sich wie folgt ausspricht: „Unter den Pflanzen, deren gutes Gedeihen grossartige Aussichten eröffnet, steht an erster Stelle die Baumwolle."

Die Denkschrift richtet einen Appell an die europäischen Verbrauchsländer, die jetzt in ihren afrikanischen Kolonien den Baumwollanbau zu fördern suchen; Paraguay mit seinem idealen Klima sei das richtige Land, um Kapitalien im Baumwollbau anzulegen; ohne Risiko, wie im dunklen Erdteil, liessen sie sich hier in Millionen von Baumwollballen umsetzen.

Blicken wir auf einen anderen Erdteil. Das Zustande-

*) Die Baumwolle und ihre Ertragsfähigkeit in Paraguay von Manuel Dominguez gewidmet Sr. Exzellenz dem Präsidenten der Republik, Herrn Coronel Juan A. Escurra und seinem Finanzminister Herrn Ant. Sosa (Asuncion 1903).

kommen des Bagdadbahnprojekts wurde von Anfang an in den Kreisen der deutschen Landwirtschaft mit gemischten Gefühlen aufgenommen. Die Befürchtung wurde offen ausgesprochen, dass die Erschliessung Mesopothamiens eine weitere Verschärfung des Ueberangebots von Getreide zur Folge habe; und auf Grund der bisherigen Erfahrungen kann man, wenn die Entwickelung sich selbst überlassen bleibt, ihr die Berechtigung nicht abstreiten. Wie überall, so steht auch dort zu erwarten, dass das neu erschlossene Produktionsgebiet überwiegend durch einseitigen Getreidebau nutzbar gemacht wird, wenn nicht eine Einwirkung stattfindet, die die Bewirtschaftung in andere Bahnen lenkt. Auch hier ist die Baumwollzucht diejenige Kultur, die den Getreidebau einschränken kann, auch hier liegen Berichte sachverständiger Persönlichkeiten vor, die der Baumwollkultur grossartige Aussichten eröffnen, wenn gewisse Vorbedingungen erfüllt werden.

Die Förderung der Baumwollzucht liegt also im agrarischen Interesse. Sicherlich kann sie nicht von heute auf morgen eine einschneidende Aenderung der Verhältnisse auf dem Getreidemarkt herbeiführen; das setzt aber ihre Bedeutung keineswegs herab. Die Getreidezölle sind das Mittel, mit dem sofort eine Wirkung erzielt werden, der Damm, der sich der hereinbrechenden Flut entgegenwerfen soll. Unter seinem Schutze können andere Massnahmen vorbereitet werden, die den Anprall vermindern und so dazu beitragen, dass der Damm leistungsfähig bleibt auch ohne unliebsame, periodische Erhöhung. Für Förderung der Baumwollzucht müssen sich also gerade diejenigen Freunde der Landwirtschaft interessieren, die Getreidezölle für unentbehrlich halten. Gestützt auf ein solches Programm könnte man nachdrücklich darauf hinweisen, dass planmässig und mit tauglichen Mitteln dem Ausarten der Getreidezölle zur Schraube ohne Ende entgegengearbeitet wird.

Noch unter einer anderen Perspektive muss die Förderung der Baumwollzucht als ein direktes Interesse der deutschen Landwirtschaft bezeichnet werden. Wenn unter dem Drucke niedriger Getreidepreise der Getreidebau anfängt unrentabel zu werden, so schränkt ihn wenigstens nach Möglichkeit ein, sucht ihn zu ersetzen durch andere lebensfähigere Kulturen. So wurde der deutschen Landwirtschaft von allen Seiten zugerufen und sie hat diese Mahnung beherzigt durch grossartige Entwicklung des Zuckerrübenbaues. Eine neue Produktion wurde in die deutsche Landwirtschaft eingeführt; der Zucker, früher ausschliessliches Produkt der Tropen, verwandelte sich in ein Erzeugnis, das auch auf deutschem Boden gewonnen werden kann. Wie der deutsche Zuckerrübenbau sich entwickelt hat, lehren folgende Zahlen. Zur Zuckergewinnung wurden verarbeitet

im Betriebsjahre	1882/1883 .	8 747 154 t Rüben
„ „	1892/1893	9 811 940 „ „
„ „	1895/1896	11 672 816 „ „
„ „	1900/1901 .	13 253 909 „ „
„ „	1901/1902 .	16 012 867 „ „

Die verarbeiteten Rüben waren geerntet

im Betriebsjahre	1892/1893	auf 352 015 ha
„ „	1895/1896	„ 376 669 „
„ „	1900/1901	„ 447 606 „
„ „	1901/1902	„ 478 749 „

Die anfangs so günstige Konjunktur auf dem Zuckermarkte hat sich jetzt in Folge andauernder Ueberproduktion in ihr Gegenteil verwandelt, nachdem die Zuckerindustrie und der Rübenzuckeranbau, abgesehen von Deutschland, auch noch in einer grossen Reihe anderer Staaten heimisch geworden sind. In den übrigen Ländern Europas wurden im Betriebsjahre 1901/1902 an Zuckerrüben verarbeitet

in Frankreich	9 023 000 t
„ Oesterreich-Ungarn	8 495 000 „
„ Russland	7 933 300 „
„ Belgien	2 480 000 „
„ Niederlanden	1 329 000 „
„ Schweden	801 050 „

Die gesamte Weltproduktion an Zucker betrug

im Betriebsjahre 1871/1872	2 619 000 „

im Betriebsjahre	1881/1882	. . . .	3 842 000 t
„ „	1891/1892	. . . .	6 353 000 „
„ „	1895/1896	. . . .	7 155 000 „
„ „	1899/1900	. . . .	8 414 000 „

Den durch das riesige Anwachsen der Weltproduktion bedingten Preisfall spiegeln folgende Notierungen des amerikanischen Zuckermarktes wieder:

Der Durchschnittspreis per Pfund stellte sich

für das Betriebsjahr	1871/1872	auf	5,37 cents
„ „ „	1881/1882	„	4,41 „
„ „ „	1891/1892	„	2,93 „
„ „ „	1895/1896	„	2,29 „
„ „ „	1899/1900	„	2,49 „

Wie soll der Ueberproduktion an Zucker entgegengetreten werden? Nationale und internationale Massnahmen werden auf Seiten der Rübenzuckerproduktionsländer seit langem erörtert, in Gestalt der Brüsseler Zuckerkonvention liegt auch bereits etwas positives vor. Eine genügende Sanierung der Verhältnisse ist aber damit noch nicht erreicht; für Europa kommt es auf zweierlei an: auf Verhinderung der Ueberproduktion an Rübenzucker und Bekämpfung der Konkurrenz des Rohrzuckers.

Die Rübenzuckerproduktion, die noch vor 30 Jahren in bezug auf den Ertrag hinter der Rohrzuckerproduktion zurückstand, hat letztere jetzt bei weitem überholt. Die Weltproduktion des Betriebsjahres 1871/72 bestand aus 1 020 000 t Rüben- und 1 599 000 t Rohrzucker. Noch zehn Jahre später überwog die Rohrzuckerproduktion — 1 782 000 t Rüben- gegen 2 060 000 t Rohrzucker. In den achtziger Jahren jedoch gewann die Rübenzuckerproduktion die führende Stelle, die Weltproduktion verteilte sich

i. Betriebsj.	1891/92	a. 3 501 000 t Rüben-	u. 2 852 000 t	Rohrzuck.
„ „	1895/96	„ 4 315 000 t „	„ 2 830 000 t	„
„ „	1899/1900	„ 5 510 000 t „	„ 2 904 000 t	„

Die Ueberproduktion entfällt also zweifelsohne in erster Linie auf Rübenzucker. Wenn aber die Rübenzuckerindustrie, um die Ueberproduktion zu bekämpfen, zur Kontingentierung und ähnlichem greifen muss, so versteht es sich von selbst, dass sie nicht gewillt sein kann, der Rohrzuckerproduktion völlig freie Entwicklung zu lassen. Auch ihr Ertrag hat sich in den letzten 30 Jahren fast verdoppelt, und der Konkurrenzkampf zwischen Rohr- und Rübenzucker neigt sich auf dem wichtigsten Zuckermarkte der Welt, in den Vereinigten Staaten von Amerika, immer mehr zu Gunsten des ersteren. Den Sieg des Rohrzuckers veranschaulicht der Rückgang des deutschen Zuckerexports nach der Union, der sich in rapidem Tempo vollzieht. An Rohzucker führte Deutschland nach Amerika aus im Jahre 1897 3,6 Millionen Doppelzentner, diese Zahl sank in den folgenden Jahren auf 2,1, 1,8, 3,5, 1,1, 0,8.

Als Rohrzucker produzierende Länder nehmen gegenwärtig die westindischen Inseln den führenden Platz ein. Dort war ehemals ein Zentrum der Baumwollproduktion. Am Ende des 18. Jahrhunderts sollen 70 pCt. des gesamten englischen Baumwollbedarfs aus Westindien gekommen sein. Die Baumwolle ist dort durch den Rohrzucker verdrängt worden, als die Massenproduktion nordamerikanischer Baumwolle einsetzte und die Preise drückte. Jetzt, unter dem Einfluss der Zuckerkrisis, macht sich aber eine entgegengesetzte Entwicklung bemerkbar; von den verschiedensten Seiten wird von einem neu erwachten Interesse für den Baumwollanbau berichtet.

In seinem Jahresbericht für 1903 spricht sich der amerikanische Generalkonsul in Havana ausserordentlich günstig über die Aussichten der Baumwollkultur in Cuba aus. Die Vorbedingungen lägen dort im allgemeinen noch besser, als in den Vereinigten Staaten. Bei sorgfältiger Bearbeitung des Grund und Bodens, vorsichtiger Auswahl des Samens und häufigeren Neuanpflanzungen sei die Möglichkeit nicht ausgeschlossen, eine Sea Island - Baumwolle zu erzielen, welche die besten in der Union gewonnenen Sorten übertreffe.

Aehnliches besagt ein neuester Bericht des deutschen Minister-Residenten in Havana. Die in letzter Zeit auf

Cuba mit der Anpflanzung von Sea Island-Baumwolle angestellten Versuche hätten überall vorzügliche Resultate ergeben. Während diese Anpflanzungen bisher über eine probeweise Bestellung kleinerer Landflächen noch nicht hinausgegangen seien, scheine man jetzt an die Einführung der Baumwollkultur im grossen zu gehen; es mache sich im Lande, besonders in den östlichen Provinzen, eine gewisse Begeisterung dafür bemerkbar. Sollte die Kultur in grösserem Massstabe zur Ausführung kommen, so dürfte sie mit den verschiedenen mit ihr verknüpften Industrien ein Mittel bieten, einen neuen Zweig der Geschäftsverbindung mit Deutschland herzustellen. Auch sei es nicht ausgeschlossen, dass deutsches Kapital und deutscher Unternehmungsgeist darin ein günstiges Feld der Tätigkeit finden könnten, besonders unter den gegenwärtigen Verhältnissen, bei denen die Baumwollproduktion der Nachfrage auf dem Weltmarkt nicht mehr genüge.

Cuba ist bekanntlich dasjenige Land, dessen Zucker unserer Zuckerindustrie den amerikanischen Markt verengt hat, das Anwachsen seiner Zuckerproduktion ist dem europäischen Zucker besonders gefährlich. Könnte diesem Anwachsen durch Ausdehnung der Baumwollkultur auf der Insel ein Riegel vorgeschoben werden, so wäre der europäischen Zuckerindustrie ein gewaltiger Dienst geleistet.

Auf den übrigen westindischen Inseln liegen die Verhältnisse ebenso. Jamaica, Barbados, Trinidad, Guadeloupe, Martinique werfen heute bedeutende Mengen Zucker auf den Weltmarkt, auf allen genannten Inseln liegen aber auch die Verhältnisse für die Baumwollzucht besonders günstig. Das Gleiche trifft für die Zucker produzierenden Länder Südamerikas, Guiana, Brasilien zu.

Die Förderung der Baumwollzucht steht also auch mit den Interessen der deutschen Landwirtschaft in sehr engem Zusammenhang; im Kampfe gegen die überseeische Konkurrenz könnte sich der Baumwollbau als ein sehr wertvoller Bundesgenosse erweisen.

Das deutsche Wirtschaftsleben ruht auf zwei Grundpfeilern, auf Landwirtschaft und Industrie. Sie liegen heute in bitterem Kampfe; was dem einen Teile nützen soll, wird von dem anderen als Schädigung empfunden. Die Förderung der Baumwollzucht dient den beiderseitigen Interessen, hier können sie sich zu gemeinsamer Arbeit vereinigen.

Das gibt der Sache eine ganz besondere Bedeutung. Was könnte dem Wohle des Ganzen zuträglicher sein, als solche gemeinsame Arbeit, die die Versöhnung und den öffentlichen Frieden fördert!

Der jetzige Stand der Baumwollbewegung in Deutschland.

Ist es in Deutschland gelungen, das richtige Verständnis für die Baumwollfrage zu erwecken, Verständnis nicht nur für die Baumwollnot und ihre Bekämpfung, sondern auch für jene weiteren Perspektiven, die die Förderung der Baumwollzucht als eine Angelegenheit von ganz allgemeinem, höchsten Interesse erscheinen lassen?

Einen Bericht über deutsch-koloniale Baumwollunternehmungen im Jahre 1903/1904 leitet das verdienstvolle kolonialwirtschaftliche Komitee mit folgenden Sätzen ein:

„Die deutsche Baumwollbewegung ist heute volkstümlich. Der Mahnruf vom März 1900 zum Baumwollbau auf eigener Scholle ist nicht ohne Wirkung geblieben. Alle politischen und wirtschaftlichen Richtungen anerkennen die sozial- und wirtschaftspolitische Bedeutung einer wenigstens teilweisen Versorgung Deutschlands mit Rohbaumwolle aus den eigenen Kolonien. Dem deutschen Beispiele folgend haben sämtliche europäischen Kolonialmächte Baumwollkulturversuche in ihren afrikanischen Kolonien aufgenommen, insbesondere das mit Deutschland durch die Baumwollabhängigkeit von Amerika am meisten bedrohte England. Die englische Thronrede vom 2. Februar d. J. betont die Wichtigkeit, neue Baumwollproduktionsgebiete zu erschliessen, und hervorragende englische Wirtschaftspolitiker bezeichnen den gemeinsamen europäischen „Baumwollkulturkampf" als eine der hervorragendsten wirtschaftlichen Taten unserer Zeit."

Begeisternde Worte aus dem Munde einer tatkräftigen Organisation, die auf das grosse Ziel den Blick gerichtet hält und deshalb der Mühen und Enttäuschungen nicht achtet, an denen der Weg dorthin so überreich ist. Prüfen wir demgegenüber mit nüchternem Auge die Tatsachen.

Vor uns liegt die bekannte Eingabe des Verbandes deutscher Baumwollgarn-Konsumenten an den Reichstag, welche die Bewilligung der Vorlagen betr. den Eisenbahnbau in den Kolonien befürwortet. In der Eingabe heisst es: „Das Drängen nach einer Emanzipation vom amerikanischen Baumwollmarkt beherrscht jetzt fast alle Kreise der Baumwollindustrie." Mustert man die grosse Zahl angesehener und wirtschaftlich hochbedeutsamer Industrievereinigungen, die ihren Namen unter die Eingabe gesetzt, so möchte man glauben, soweit die Baumwollverbraucher in Frage kommen, ist alles auf dem besten Wege, einmütig und geschlossen tritt der Kreis der zunächst Interessierten dafür ein, dass etwas grosses zustande kommt. Der Eingabe haben sich angeschlossen: die Vereinigung sächsischer Spinnereibesitzer, der Verband der Textilindustriellen von Chemnitz und Umgegend, der Verband süddeutscher Baumwollgarn-Konsumenten, der Verband von Webereibesitzern in Rheydt und Umgegend, die Wirkwaren-Fabrikanten-Vereinigung von Chemnitz und Umgegend, der Verein süddeutscher Trikotfabrikanten in Stuttgart, der sächsische Strumpffabrikantenverein, der Verein zur Wahrnehmung der gemeinsamen Interessen der Webwarenfabrikanten von Chemnitz und Umgegend, der Verein der am Baumwollhandel beteiligten Firmen in Hamburg, die Vereinigung rheinisch-westfälischer Handelskammern und Garnkonsumenten, welcher die Handelskammern zu Barmen, Bielefeld, Bonn, Elberfeld, Krefeld, sowie die Weberei-Interessenten des Handelskammerbezirkes Lennep und die Seidenwarenfabrikanten des Handelskammerbezirks M.-Gladbach und in Langenberg angehören. Nachträglich angeschlossen haben sich noch: der Verband schlesischer Textilindustrieller, der Verband der niederrheinischen Sammet-, Plüsch- und Sammetband-Fabrikanten und das elsässische industrielle Syndikat.

Doch der Schein trügt. Man darf annehmen, dass der

Verband deutscher Baumwollgarn-Konsumenten, von dem die Eingabe ausgegangen, alle Verbände der Textilindustrie zur Mitunterzeichnung aufgefordert hat. Eine imposante Kundgebung der gesamten deutschen Textilindustrie ist aber gleichwohl nicht zustande gekommen. Sehen wir uns in dem vom Reichsamt des Innern zusammengestellten Verzeichnis der im Deutschen Reich bestehenden wirtschaftlichen Vereine die Vertretungen der Textilindustrie näher an, so ergibt sich, dass unter den Unterzeichnern der Eingabe viele bedeutende Vereinigungen der Branche fehlen. Nicht einmal die Baumwollbranche im engeren Sinne ist vollständig vertreten. Die Eingabe besagt: „Nicht allein die garnerzeugenden Branchen, sondern ebenso auch die garnverbrauchenden und weiter verarbeitenden Zweige haben in den letzten Jahren erfahren müssen, dass eine ruhige wirtschaftliche Entwicklung nur möglich ist, wenn auch Vorsorge für eine ausreichende Deckung des Bedarfs an Baumwolle besteht.“ Trotz dieser Erfahrung, so muss man hinzufügen, haben viele der zunächst Interessierten nicht für nötig gehalten, die gemeinsame Sache wenigstens durch Mitunterzeichnung ihres Namens zu unterstützen.

Wie stellt sich die deutsche Industrie als ganzes zur Baumwollfrage? Kühl und gelassen. Das Urteil rechtfertigt sich, wenn man auf die Haltung der Handelskammern einen Blick wirft.

In der Handelskammer vereinigen sich alle in dem betr. Bezirke vorhandenen Industriezweige zu einer gemeinsamen Vertretung. Den gemeinsamen Interessen soll sie in erster Linie dienen, und niemand wird in Abrede stellen können, dass auf diesem Gebiete viel und bedeutsames geleistet wird. Jeder Sitzungsbericht verzeichnet eine Fülle grosser und kleiner Fragen, denen man im Plenum und in den Kommissionen ein achtunggebietendes Mass von Arbeitsfreudigkeit entgegenbringt. Die Baumwollfrage als Problem der nationalen Wirtschaft hat sich jedoch auf der Tagesordnung der Kammern den gebührenden Platz noch nicht erobern können. Selbst die neuesten Auswüchse der amerikanischen Spekulation haben in dieser Beziehung nur wenig zu ändern vermocht. In eine Baumwolldebatte sind die meisten Kammern erst eingetreten, als von aussen, von seiten des Kolonialwirtschaftlichen Komitees, der Anstoss gegeben und um Bewilligung von Mitteln zur Förderung der kolonialen Baumwollzucht gebeten wurde. Eine Ausnahme von dieser Regel machen im allgemeinen nur diejenigen Kammern, in deren Bezirk die Baumwollindustrie ausschlaggebend ist.

Die offizielle Vertretung der deutschen Handelskammern bildet der deutsche Handelstag. Alljährlich tritt er zu einer Vollversammlung zusammen, und die Tagesordnung dieser Vollversammlung spiegelt wieder, was an aktuellen Sorgen die Kammern beschäftigt. Als im März dieses Jahres die Vollversammlung zusammentrat, stand die Welt unter dem frischen Eindruck jener unerhörten Vergewaltigung des Baumwollkonsums, die im Februar des laufenden Jahres ihren Höhepunkt erreicht hatte. In einem solchen Zeitpunkt hätte man erwarten dürfen, die Baumwollfrage an erster Stelle auf der Tagesordnung der Vollversammlung zu finden. Das war aber nicht der Fall. In diesem hervorragendsten Gremium von Vertretern der deutschen Industrie und des deutschen Handels schwieg man sich aus über die Baumwollfrage; der die Tagung vorbereitende Ausschuss hatte sie nicht auf die Tagesordnung gesetzt, und das Plenum schien damit einverstanden, wenigstens erfolgte aus seiner Mitte kein Widerspruch.

Hat die Landwirtschaft sich der Einsicht erschlossen, dass es sich bei der Förderung der Baumwollzucht auch um ihre Sache handelt? Man hört nichts davon, keinerlei Anzeichen machen sich bemerkbar. Hypnotisch ist der Blick auf die Getreidezölle gerichtet. Was demnächst werden soll, bildet keine aktuelle Sorge; in den Verlust des amerikanischen Marktes hat die Zuckerindustrie mit anscheinender Resignation sich ergeben.

Gibt es für Reichsregierung und Reichstag eine Baumwollfrage als grosses aktuelles Problem? Als Anfang Februar dieses Jahres das englische Parlament eröffnet wurde, betonte die Thronrede die Notwendigkeit, neue Baumwollproduktionsgebiete zu erschliessen. In deutschen Thronreden sucht man bisher die Baumwollfrage vergebens und leider scheint auch die Vertretung des deutschen Volkes sie an dieser Stelle nicht zu vermissen. Während das englische Unterhaus in Resolutionen zur Baumwollfrage sein Interesse bezeugt, fühlt der deutsche Reichstag zu derartigen Kundgebungen wenig Bedürfnis. Der erste Teil der Wintersession 1903/1904 fiel in jene Zeit, wo die Baumwollindustrie zur Abwehr der amerikanischen Vergewaltigung zum letzten extremen Mittel der Betriebseinschänkung greifen musste; gleichwohl erhob sich während der langen Wintermonate keine Stimme aus dem Hause, um die Regierung zu fragen, was sie zur Bekämpfung dieser Kalamität zu tun gedenke.

Wie steht es mit der Opferfreudigkeit zu Gunsten der Sache und wer sind die Opferwilligen? Die bisher zur Förderung der Baumwollzucht in Dentschland aufgebrachten Mittel belaufen sich auf ca. 600000 M.; eine kleine Summe, klein sowohl in Ansehung des hochwichtigen Zwecks als auch der Vermögenslage der Spender. In England, wo man die Förderung der Baumwollzucht erst aufgenommen, nachdem in Deutschland durch das kolonialwirtschaftliche Komitee schon ein Anfang gemacht war, ist bereits ein Kapital von 4 Mill. M. zusammen und man hofft zuversichtlich, dass die zur Verfügung stehende Summe auf 10 Mill. anwachsen werde.

Die Träger der Last sind in Deutschland im wesentlichen die Baumwollindustriellen. Die täglich die Rute fühlen, mit der das amerikanische Monopol die Baumwollverbraucher züchtigt, die haben sich aufgerafft, um für ihre Existenz etwas zu tun.

Die deutsche Baumwollbewegung in ihrem jetzigen Stande erhält durch zwei Tatsachen ihr charakteristisches Gepräge. Sie wird zu ausschliesslich durch den Gedankengang „Bekämpfung der Baumwollnot" beherrscht und hat die Anlehnung an das, was wir oben als die weiteren Perspektiven der Baumwollfrage bezeichneten, noch nicht gefunden. Eine Baumwollfrage in jenem weiteren Sinne, bei der es sich auch um ein Interesse des deutschen Exports, um ein Interesse der deutschen Landwirtschaft handelt, gibt es bisher noch nicht. Ein Blick in die Spalten der Presse bestätigt die Richtigkeit dieser Behauptung.

Mit Befriedigung ist anzuerkennen, dass dieser gewichtige Faktor des öffentlichen Lebens der Baumwollfrage heute hohes Interesse entgegenbringt. Aus der bescheideneren Oeffentlichkeit der Fachpresse ist sie emporgestiegen auf das höhere Piedestal der grossen politischen Tagespresse; die im Handelsteil veröffentlichten Markt- und Börsenberichte finden im Hauptblatt eine Ergänzung und allgemeine Würdigung. Gegenstand der Betrachtung ist jedoch für gewöhnlich nur die Baumwollnot und ihre Bekämpfung, d. h. die Lage auf dem Baumwollmarkt mit ihren Konsequenzen für die Baumwollindustrie. Der Förderung der Baumwollzucht wird als hochwichtiger Angelegenheit das Wort geredet, die Begründung jedoch nur gesucht in dem Bedürfnis des Baumwollverbrauches und den sich daraus ergebenden öffentlichen Interessen. Freilich spielen in den üblichen Gedankengang auch unsere allgemeinen handelspolitischen Beziehungen zu Amerika hinein, das unbefriedigende der heutigen Lage, bei der wir durch unsere Baumwollzahlungen gerade unseren gefährlichsten wirtschaftlichen Konkurrenten stärken, wird erörtert; aber die Folgerung hieraus, dass auch der deutsche Export ein eminentes Interesse an der Förderung der Baumwollzucht ausserhalb des Gebiets der amerikanischen Union hat, kommt nicht zu genügend klarem, scharfen Ausdruck.

Der Zusammenhang zwischen Baumwollzucht und landwirtschaftlichen Interessen, Einengung der überseeischen Getreide- und Zuckerproduktion*) findet gegenwärtig in der Presse noch so gut wie gar keine Würdigung. Trotzdem die Agrarfrage nach wie vor im Mittelpunkt der Erörterung

*) Einen Artikel „Zuckerproduktion und Baumwollnot“ brachte die Deutsche Industrie-Zeitung in Nr. 29, Jahrgang 1904.

steht, will es nicht gelingen, auf diesen Zusammenhang das öffentliche Interesse hinzulenken.

Wohin sieht die oben schon angezogene Eingabe des Verbandes deutcher Baumwollgarn-Konsumenten das Wesen der Baumwollfrage? In der Baumwollnot, die die Preise des Rohmaterials und des Fabrikats in die Höhe treibt und den Massenverbrauch der Baumwollartikel unmöglich macht, die Rentabilität der Betriebe, die Erwerbsmöglichkeit für die darin beschäftigten Arbeiter in Frage stellt. Die Eingabe führt aus: „Die Nachteile einer Baumwollnot äussern sich in zweierlei Richtung. Erstens wird der Baumwollpreis, demzufolge auch die Garne und die Warenpreise derart in die Höhe getrieben, dass ein Massenverbrauch der Baumwollartikel nicht möglich ist. Die an sich schon hohen Betriebskosten, namentlich in allen Branchen, welche Musterwaren herstellen, steigern sich in relativer Hinsicht bei geringer Produktion, verringern damit die Rentabilität und demzufolge auch die Steuerkräftigkeit der Betriebe und die Möglichkeit eines Steigerns der Lohnsätze. Zweitens werden durch den Rückgang des Verbrauchs an Baumwollwaren Arbeitskräfte frei; an Stelle einer normalen Beschäftigung treten Arbeiterentlassungen und Schädigungen unserer gesamten Volkswirtschaft."

Wohl heisst es dann weiter an einer anderen Stelle:

„Die Baumwollfrage wird sich mehr und mehr zu einer wirtschaftlichen Machtfrage ausgestalten. Es erscheint als eine kluge Pflicht, schon jetzt für die Zukunft vorzusorgen, nachdem die deutsche Baumwollindustrie bereits hart genug ihre Abhängigkeit von dem amerikanischen Markt empfinden musste. Es darf nicht übersehen werden, dass wir mit rund 250 Mill. M., die wir alljährlich nach Amerika für unseren Baumwollbedarf zahlen müssen, wesentlich gerade einen unserer schärfsten Konkurrenten auf dem Weltmarkte stärken. Es würde ein grosser wirtschaftlicher Segen nicht allein für unsere Kolonien, sondern gerade auch für unsere gesamte deutsche Volkswirtschaft sein, wenn wir auch einen wesentlichen Teil dieser Summe für Baumwolle aus unseren Schutzgebieten zu zahlen hätten."

Die weiteren Perspektiven der Baumwollfrage, die allgemeinen handelspolitischen Gesichtspunkte werden also auch gestreift, aber ohne die nachdrückliche Betonung, dass das, was in dieser Sache für die Baumwollindustrie geschieht, der gesamten deutschen Industrie, insonderheit dem deutschen Export, zu gute kommt und deshalb eine Aufgabe von ganz allgemeiner nationaler Bedeutung darstellt.

Wie fasst jener weitere Kreis ausserhalb von Industrie, Handel und Landwirtschaft, der die breite Schicht des gebildeten Publikums bei uns ausmacht, die Baumwollfrage auf? Der Durchschnittsdeutsche unserer gebildeten Stände kennt sie dem Namen nach. Er weiss, dass er auch ihr des guten Tones wegen ein gewisses platonisches Interesse bezeugen muss. Hat er bisher auf die Börse gescholten, neben dem Differenzspiel auch den Terminhandel als gemeingefährlichen Auswuchs des Giftbaumes betrachtet, so findet er im Hinblick auf die Baumwollspekulation erneuten und doppelten Anlass zur Entrüstung und ruft auch hier nach der Hilfe des Staates und den bekannten Radikalmitteln, die das goldene Zeitalter soliden Geschäftsverkehrs und gesunder Preisbewegung heraufführen sollen. Preistreiberei und Baumwollnot bilden für die öffentliche Meinung in Deutschland noch den ausschliesslichen Inhalt der Baumwollfrage.

Das verdienstvolle Kolonial-Wirtschaftliche Komitee hat die deutsche Baumwollbewegung in Fluss gebracht und damit einen Gedanken aufgenommen, der, wie jetzt festgestellt, schon den Fürsten Bismarck lebhaft beschäftigte. Schon im Jahre 1889 regte der erste Reichskanzler den Baumwollbau in unseren Kolonien an und tat auch bereits Schritte, welche auf praktische Durchführung dieses Programms hinzielten.

Baumwollbau und koloniale Wirtschaft, dieser Zusammenhang drückt der deutschen Baumwollbewegung gegenwärtig ihr Gepräge auf, und, so undankbar es vielleicht klingen mag dies auszusprechen, er hat wesentlich dazu beigetragen, dass die Bewegung sich nicht zu einer grossen allgemeinen, nationalen Sache auswachsen konnte. Die koloniale Begeisterung ist bekanntlich in Deutschland leider nicht gross; geringe positive Fortschritte auf der einen, gehässige Uebertreibung unserer Misserfolge auf der anderen Seite erklären die weit verbreitete Gleichgiltigkeit zur Genüge.

Auf dem Baumwollmarkt ist natürlich auch jede Zufuhr aus deutschen Kolonien hoch willkommen, auch koloniale Baumwolle kann den Weltvorrat vermehren und dadurch die Baumwollnot lindern; aber die grossen Perspektiven einer planmässigen Förderung des Baumwollanbaues verengen sich doch gewaltig, wenn ausschliesslich oder auch nur in erster Linie unsere Kolonien dabei in Frage kommen. An unseren Kolonien hat der deutsche Export bisher nur ein geringes Interesse. Leistungsfähige Abnehmer deutscher Produkte sind sie noch nicht und können sie in absehbarer Zeit auch kaum werden. Wenn unsere Zahlungen für Baumwolle ein Mittel sein sollen, unsere Stellung als exportierendes Land auf dem Weltmarkt zu stärken und zu heben, so ist viel dringlicher und aussichtsvoller, diese Zahlungen nach anderen Märkten zu dirigieren, die schon heute grosse Abnehmer deutscher Waren sind, wo unser Absatz aber gegen gefährliche Konkurrenz verteidigt und deshalb durch vermehrten Kauf unsererseits auf eine festere Basis gestellt werden muss.

Eine Getreide- oder Zuckerproduktion deutscher Kolonien ängstigt bisher die deutsche Landwirtschaft noch nicht, kolonialer Weizen und kolonialer Zucker stehen nicht in den Reihen ihrer Feinde, auf deren Abwehr man bedacht sein muss. Auf ein Interesse auch der deutschen Landwirtschaft kann deshalb die Förderung der Baumwollzucht in unseren Kolonien nicht pochen.

Die Textilindustrie allein bleibt übrig als Interessentin. Dass aber auch sie ihre Erwartungen in bezug auf den kolonialen Baumwollanbau nicht allzu hoch steckt, ist bei der allgemeinen Stimmung in bezug auf die Kolonien sehr begreiflich. Die Beiträge fliessen deshalb nicht gerade besonders reichlich, und nach diesem untrüglichen Gradmesser zu urteilen ist die Stimmung von irgend welchem Optimismus sehr weit entfernt.

Ein charakteristisches Bild des gegenwärtigen Standes der deutschen Baumwollbewegung hat die Sitzung des Reichstages vom 25. April 1904 geliefert, in der das Hohe Haus zum ersten Mal in eine Debatte grösseren Stils über die Baumwollfrage eintrat, sowie die Fortsetzung dieser Debatte am 14. Juni.

Zur Beratung stand die bekannte Vorlage betr. den Eisenbahnbau in Deutsch-Ostafrika und Togo, die unter anderem auch mit der Notwendigkeit, den kolonialen Baumwollbau durch Herstellung leistungsfähiger Verkehrsmittel zu fördern, motiviert wurde.

Als Vertreter der Reichsregierung sprach der Direktor der Kolonialabteilung Dr. Stübel. Er verbreitete sich zunächst über die Entwicklungsfähigkeit unserer Kolonien, die an sich gute Aussichten eröffne, aber an die Vorbedingung der Aufschliessung des Landes durch Eisenbahnen gebunden sei. Der Eisenbahnbau sei im besonderen nötig zur Förderung der Baumwollzucht. Mit dieser Motivierung war an die Baumwollfrage angeknüpft und man durfte gespannt sein, wie die Regierung durch den Mund ihres Vertreters sich weiter äussern würde. Das amtliche Stenogramm verzeichnet an dieser Stelle folgenden Wortlaut der Rede:

„Meine Herren, hierzu tritt nun die Wichtigkeit unserer ostafrikanischen Kolonie als baumwollproduzierendes Land. Die amerikanische Baumwollproduktion kann bekanntlich mit jedem Jahr weniger den Bedarf der europäischen Baumwollindustrie befriedigen. Die Zeit wird kommen, wo die deutsche Baumwollindustrie ihre Arbeiter entlassen und ihre Fabriken wird schliessen müssen, wenn sich ihr nicht neue Bezugsquellen für Rohbaumwolle eröffnen. In richtiger Erkenntnis dieser Sachlage bittet die gesamte deutsche Baumwollenindustrie in der Ihnen vorliegenden Eingabe des Verbandes der deutschen Baumwollkonsumenten, dass Sie auch dem vorliegenden Projekt Ihre Zustimmung geben mögen!“

Der Kolonialdirektor zitierte dann jenen Passus der Eingabe, von dem wir oben gesagt, dass er die weiteren Perspektiven der Baumwollfrage zwar streift, aber nicht klar und deutlich ausspricht, was, abgesehen von der Bekämpfung der Baumwollnot, die Förderung der Baumwollzucht der deutschen Volkswirtschaft als Ganzes leisten soll.

„Die Baumwollfrage wird sich mehr und mehr zu einer wirtschaftlichen Nachfrage ausgestalten. Es erscheint als eine kluge Pflicht, schon jetzt für die Zukunft vorzusorgen, nachdem die deutsche Baumwollindustrie bereits hart genug ihre Abhängigkeit von dem nordamerikanischen Markte empfinden musste. Es darf nicht übersehen werden, dass wir mit den rund 250 Millionen Mark, die wir alljährlich nach Nordamerika für unseren Baumwollbedarf zahlen müssen, wesentlich gerade einen unserer schärfsten wirtschaftlichen Konkurrenten auf dem Weltmarkte stärken. Es würde ein grosser wirtschaftlicher Segen nicht allein für unsere Kolonien, sondern gerade auch für unsere gesamte deutsche Volkswirtschaft sein, wenn wir auch nur einen wesentlichen Teil dieser Summe für Baumwolle aus unseren Schutzgebieten zu zahlen hätten."

Der Vertreter der Reichsregierung nahm also zur Förderung der Baumwollzucht nur als zu einer kolonialwirtschaftlichen Aufgabe Stellung; das Interesse der Kolonien einerseits, das Interesse der deutschen Baumwollindustrie andererseits sind für ihn die springenden Punkte. Dieser Standpunkt deckt sich mit dem, den die Reichsregierung bisher in der Sache eingenommen hat. Soweit man überhaupt von einer Beteiligung des Reichs an der deutschen Baumwollbewegung sprechen darf, war die Kolonialabteilung das als allein zuständig betrachtete Ressort. Nur dieses Ressort hat eine gewisse Fühlung unterhalten und Unterstützung zugesagt, wenn auch immer nur unter der ominösen Voraussetzung „keinerlei finanzielle Belastung des Reichs."

Von der Stelle, wo die grossen handelspolitischen Aktionen durchdacht und in die Wege geleitet wurden, ist kein Zeichen der Ermunterung und Anteilnahme gekommen. Bei der Vorbereitung wirtschaftspolitischer Massnahmen im Reichsamt des Innern hat die Baumwollfrage keine Rolle gespielt, keine Enqueten und Konferenzen haben sich mit ihr beschäftigt; zu den aktuellen Problemen, deren Klärung und praktische Bearbeitung als dringlich erschien, wurde sie nicht gerechnet.

Es hat deshalb auch keinerlei Verwunderung und Erstaunen hervorgerufen, dass bei der ersten grösseren Debatte über die Baumwollfrage im Reichstage nur der Kolonialdirektor in Vertretung der Reichsregierung das Wort ergriff, weder das Reichsamt des Innern, noch das preussische Handelsministerium den Drang fühlten, auch ihrerseits sich zur Sache zu äussern. Das Hohe Haus und in Uebereinstimmung mit ihm die öffentliche Meinung nahm keine Veranlassung, ihrem Befremden hierüber Ausdruck zu geben.

Wie äusserte sich die Vertretung des deutschen Volkes zur Baumwollfrage?

Auch die für Bewilligung der Vorlagen eintretenden Redner blieben in dem Gedankengang, die Förderung der Baumwollzucht ist nötig mit Rücksicht auf die Interessen der deutschen Baumwollindustrie. Man gedachte der Baumwollnot, die chronisch geworden sei, der Eventualität einer weiteren Verschärfung durch amerikanische Ausfuhrverbote und ähnliche Massnahmen. Die Börsenspekulationen hätten gezeigt, wohin unsere Baumwollindustrie komme, wenn wegen Verteuerung des Rohmaterials die Ausführung von Lieferungsverträgen unmöglich werde. Treffend und wirkungsvoll wurde die Mehrbelastung hervorgehoben, die der europäische Baumwollkonsum im letzten Jahre an die amerikanische Spekulation habe zahlen müssen und die nunmehr eine Gegenwehr gegen solche Vergewaltigung in allen Baumwolle verbrauchenden Ländern hervorgerufen habe. In das Programm dieser Gegenwehr gehöre auch der Eisenbahnbau, der deshalb bewilligt werden müsse.

Nur in kurzen Andeutungen einiger Redner trat zu Tage, dass sich die Empfindung zu regen beginnt, es handelt sich bei der Baumwollfrage um mehr als um die Beseitigung der Baumwollnot im Interesse der Baumwollindustrie. „Wir sind jetzt Leibeigne von Amerika in der Baumwollfrage und deshalb ist es von eminenter Wichtigkeit auch für den Reichstag, ob in Ostafrika Baumwolle wächst". „Wir haben einen Mitteleuropäischen Wirtschaftsverein; auch für den wäre es gut, die Frage näher zu prüfen und zu erörtern: wie kann sich Europa von Amerika emanzipieren?" (Abgeord. Schwarze, Lippstadt).

Wenn nicht verkannt werden soll, dass damit die weiteren Perspektiven der Baumwollfrage angeschnitten wurden, so ist doch andererseits zu betonen, dass die konkreten Fragen, um die es sich bei diesen weiteren Perspektiven handelt, amerikanische Gefahr und landwirtschaftlicher Notstand, in der Debatte nicht hervortreten.

Diejenigen, die der Vorlage widersprachen, bezeichneten es als Pflicht der Interessenten, alle Lasten, die aus der Förderung des Baumwollanbaues erwachsen, auf ihre eigenen Schultern zu nehmen. „Wenn die Baumwollindustrie ein Interesse daran hat, dass sie gegen Amerika geschützt wird, so soll sie auch selber die Kosten zahlen". (Abgeord. Dasbach). „Wenn überhaupt die Entwicklungsmöglichkeit nur halbwegs da ist, wie die Kolonialfreunde von den verschiedensten Seiten hier versichert haben, dann müsste eine solche Kapitalistengesellschaft sich finden, und — insbesondere darauf hat Herr Kollege Dasbach schon hingewiesen — müssten die Baumwollinteressenten selbst dafür eintreten". (Abgeord. Ledebour).

„Man macht nun sehr viel Aufhebens davon, dass die Baumwollinteressenten, die Kolonialvereine für Baumwollkulturen in den letzten Jahren 700000 M. aufgebracht hätten. Meine Herren, da wende ich zunächst ein, dass ein Teil — wieviel weiss ich nicht — nicht aus der eigenen Tasche dieser Herren geflossen ist, sondern aus dem Ertrage einer Wohlfahrtslotterie für die Kolonien nach dem jetzt gebräuchlichen Rezept, für öffentliche Zwecke Gelder aufzubringen durch Anreizung der Spielleidenschaft. Wenn es aber auch nicht der Fall wäre, dass die 700 000 M. derart aufgebracht wären, — was will das besagen gegenüber der Tatsache, dass in England die Baumwollinteressenten schon 2 Mill. M. aufgebracht haben, und diese Summe in der nächsten Zeit noch auf 10 Mill. M. gesteigert werden soll? 10 Millionen würden viel mehr sein als die 8 Millionen, die hier für die Bahn gefordert werden, und dabei würde es sich gar nicht einmal um Summen à fonds perdu handeln, sondern es würde sich handeln um Aufwendungen, die nach Ansicht der Herren jedenfalls immerhin einen gewissen Ertrag versprechen, wenn sie sich auch nicht vollständig verzinsen. Meine Herren, die Selbsthilfe für die Interessen von Berufskreisen ist ja leider mehr und mehr in Deutschland abhanden gekommen; man gewöhnt sich immer mehr, das Reich anzuzapfen. Aber wenn es irgendwo angemessen ist, zu appellieren an die Selbsthilfe, dann wäre es hier der Fall, wo es sich um so kapitalkräftige Industrien handelt, so reiche Leute wie die Baumwollkönige und die Gesellschaften, die mit ihnen verbunden sind." (Abgeord. Richter).

Die zu geringe Beteiligung der Interessenten wurde auch von solchen Rednern gerügt, die sich als Freunde der Vorlage zu erkennen gaben. „Mit papiernen Resolutionen, wie sie der Verein der Textilindustriellen und Handelskammern uns geschickt haben, ist nichts getan; man dürfte erwarten, dass sie auch die Butter zu den Fischen tun und finanzielle Anstrengungen machen, um diese Frage gründlich zu prüfen." (Abgeord. Schwarze-Lippstadt.)

Die Bewilligung der Togo-Eisenbahn (Aufnahme einer Anleihe für das Schutzgebiet Togo) erfolgte mit 148 gegen 68, die Bewilligung der Reichsgarantie für die Eisenbahn Dar-es-salaam-Mrogoro mit 149 gegen 83 Stimmen.

Die Stimmenzahl der Minorität lieferte in erster Linie die Sozialdemokratie, an deren von der englischen Arbeiterpartei abweichende Haltung schon in den voraufgehenden Debatten zutreffend erinnert wurde.

„Bei der Gelegenheit möchte ich übrigens daran erinnern, dass sich wenigstens gegen die Interessen der Baumwollproduktion und der Baumwollindustrie die Arbeiter in anderen Ländern keineswegs so feindlich verhalten, wie die Herren von der deutschen sozialdemokratischen Partei. Ich möchte daran erinnern, dass z. B. in England nicht nur die Industriellen, sondern auch Arbeitervereinigungen bedeutende Geldmittel aufgebracht haben zur finanziellen Unterstützung der Baumwollindustrie und Produktion.“ (Abgeord. von Richthofen-Damsdorf.)

Der internationale Zusammenschluss der Baumwollverbraucher.

Unter der Baumwollnot seufzt die gesamte Baumwollindustrie. Es handelt sich um einen gemeinsamen Feind, der Gedanke liegt deshalb nahe, ihn auch mit gemeinsamen Kräften zu bekämpfen.

Zu seiner Verwirklichung ist der erste internationale Kongress der Baumwollspinner im Mai d. J. in Zürich zusammen getreten, auf dem alle grossen Baumwollindustrieländer, mit alleiniger Ausnahme von Amerika, vertreten waren. Delegierte hatten entsandt: England, Deutschland, Frankreich, Oesterreich, Schweiz, Russland, Italien, Belgien, Portugal.

Der Kongress, dem weitere folgen sollen, hat freilich nur eine Reihe allgemein gehaltener Beschlüsse angenommen und zur praktischen Bekämpfung von Baumwollnot und Baumwollkorner ein Komitee eingesetzt, dem alles weitere vorbehalten bleiben soll. Er verdient trotzdem ernste Beachtung als Zeugnis dafür, dass weite Kreise der europäischen Baumwollindustrie ein gemeinsames Vorgehen in der Baumwollfrage für möglich und nützlich halten, und von einem internationalen Zusammenschluss das Heil in der jetzigen Bedrängnis erwarten. Diese leitende Idee ist geeignet, die deutsche Baumwollbewegung in eine, von den Gesamtinteressen der deutschen Volkswirtschaft aus betrachtet, falsche Richtung zu drängen und muss deshalb aufs allerentschiedenste bekämpft werden.

Das gemeinsame Vorgehen soll sich auch auf die Förderung der Baumwollzucht erstrecken. Ein österreichischer Vertreter sprach offen aus, es sei gleichgiltig, wo Baumwolle gebaut werde, der Kongress habe die Aufgabe, hier den internationalen Standpunkt voranzustellen. Es müsse festgestellt werden, wo die Baumwolle am vorteilhaftesten und billigsten erzeugt werden könne.

Der Kongress hat diesen Standpunkt akzeptiert, indem er einstimmig folgende Resolution annahm:

„Das zur Wahrung der gemeinsamen Interessen berufene Komitee soll allen auf dem Kongress vertretenen Vereinigungen, den verwandten Industrien, der Bevölkerung im allgemeinen und den Regierungen aller europäischen Industriestaaten die unbedingte Notwendigkeit einer grösseren Baumwollversorgung vor Augen führen, *deren Sympathien und werktätige Unterstützung für alle mit Aussicht auf Erfolg wo auch immer unternommenen Bestrebungen zur Ausdehnung des Baumwollbaues wach zu rufen versuchen.*“

Es ist gleichgiltig, wo die Baumwolle wächst, wenn nur dafür gesorgt wird, dass reichliche Deckung erfolgen kann. Alle Bestrebungen, die Baumwollzucht zu fördern, sind also von diesem Standpunkt aus betrachtet, gleich unterstützenswert; haben sie doch alle das gleiche Ziel im Auge, den Baumwollvorrat der Welt zu vermehren. An der Vermehrung des Weltvorrats hat jedes Baumwollindustrieland das gleiche Interesse, für alle ergibt sich dadurch die wohltätige Wirkung der Preissenkung und des reichlichen Angebots gegenüber der Nachfrage.

Auf dem Kongress gab ein deutscher Delegierter die Erklärung ab, die deutschen Spinnerverbände hätten sich nur vertreten lassen, um dem Solidaritätsgefühl Ausdruck zu geben und zu informatorischen Zwecken; sie seien nicht ermächtigt, Beschlüssen zuzustimmen, die definitive Verpflichtungen aufstellen. Hieraus erklärt sich vielleicht, dass von deutscher Seite kein Widerspruch erfolgte, gegenüber dem Standpunkt, es ist gleichgiltig, wo die Baumwolle wächst. Für die deutsche Baumwollindustrie kann es nicht gleichgiltig sein, woher sie ihren Rohstoff bezieht, auch wenn sie sich lediglich und ausschliesslich nur von den Interessen der eigenen Branche leiten lassen wollte.

Die Baumwollindustrie der europäischen Länder

ist auf den Export angewiesen. Für die deutsche in ganz besonderem Masse ist der Export eine Lebensfrage. Im Jahre 1902 bezifferte sich der deutsche Export

an Baumwollgarnen	auf	31,7	Mill. M.
„ Baumwollwaren	„	259,2	„ „

Die Aufrechterhaltung und Weiterentwicklung des Exports wird aber von Tag zu Tag schwieriger.

Die früher nur auf europäischem Boden heimische Baumwollindustrie hat auch in überseeischen Ländern festen Fuss gefasst und fängt dort an, in einer für die europäischen Ausfuhrinteressen gefahrdrohenden Weise sich zu entwickeln.

Des gewaltigen Aufschwungs der amerikanischen Baumwollindustrie ist oben schon gedacht. Sie erobert sich nicht nur in immer zunehmendem Masse den heimischen Markt, sondern hat auch bereits einen Export zu Wege gebracht, dessen rasche Entwicklung ohne Gleichen dasteht. Amerika führte aus

	Cloths Uncolored	Cloths Colored
1892 .	8,6	2,4 Mill. Doll.
1902	18,5	7,3 „ „

Aus allen Teilen der Welt wird ein siegreiches Vordringen der amerikanischen Baumwollwaren gemeldet, ganz besonders aus dem asiatischen Osten, auf dessen Erschliessung die europäische Industrie so grosse Hoffnung gesetzt. Amerika führte an Cloths Uncolored nach China aus im Jahre 1892 für 3,8, im Jahre 1902 für 14,3 Mill. Doll. Es ist ein Siegeszug des amerikanischen Exports, der es erklärlich macht, wenn Amerika den asiatischen Osten bereits als seine Domäne betrachtet.

Die sog. gelbe Gefahr, soweit man heute von einer solchen sprechen darf, bedroht in erster Linie die europäische Baumwollindustrie, die Konkurrenzfähigkeit der japanischen Baumwollindustrie bildet das Gespräch des Tages.*)

*) Die nachstehenden Ausführungen betr. die Konkurrenzfähigkeit der japanischen Baumwollindustrie sind bereits als besonderer Artikel aus meiner Feder in Nr. 28 (1904) der Textil-Zeitung erschienen, mit deren gütiger Erlaubnis sie hier nochmals abgedruckt werden.
Der Verfasser.

Während die japanischen Waffen im Kriege gegen Russland andauernd Erfolge erringen und es aller Welt klar wird, dass in Japan eine neue Grossmacht erstanden ist, die das bisherige Gleichgewicht verschiebt, halten es viele noch immer für angezeigt, die industrielle Konkurrenzfähigkeit Japans Europa gegenüber gering einzuschätzen und eine japanische Gefahr auf diesem Gebiete ins Reich der Fabel zu verweisen.

Die dabei vorgebrachten Argumente lauten an sich auch alle sehr plausibel. Gewiss haben die geradezu beängstigend niedrigen Löhne der japanischen Fabrikarbeit wenig zu sagen, wenn die Leistungsfähigkeit auf gleich niedrigem Niveau steht. Und dafür, dass dies der Fall ist oder sein muss, lässt sich anscheinend genügend Beweismaterial erbringen, ganz besonders bei der japanischen Baumwollindustrie, bei der ja alle Verhältnisse, wie übereinstimmend versichert wird, noch ganz besonders günstig liegen. Die Frauen- und Kinderarbeit überwiegt, dafür liegen zahlenmässige Nachweise vor; gewisse Einrichtungen sprechen dafür, dass die Arbeitslust nur sehr gering sein muss, dass es unendlich schwer fällt, einen auch nur ganz kleinen Stamm langgedienter Arbeitskräfte heranzubilden. Das und noch manches andere soll die geringe Qualifikation der japanischen Industriearbeit dartun. Es klingt auch alles sehr überzeugend; über die japanische Gefahr brauchte sich niemand zu beunruhigen, wenn mit abstrakten Schlüssen allein die Wahrheit und die Wirklichkeit der Dinge festzustellen wäre.

Das ist aber leider nicht der Fall. Am grünen Tische gewinnt vieles ein ganz anderes Aussehen, weil man einseitig gewissen Erscheinungen ein übertriebenes Gewicht beilegt, sie nicht in ihrem natürlichen Zusammenhang mit anderen betrachtet, die für den Gesamteffekt vielleicht in noch höherem Grade ausschlaggebend sind. In schärfstem Widerspruch zu allen Behauptungen von der angeblichen Ungefährlichkeit der japanischen Konkurrenz stehen die Tatsachen, die in den statistischen Ausweisen über die japanische Ein- und Ausfuhr hervortreten. Jeder Geschäftsmann, den die Sache angeht, sollte hierauf allein sein Augenmerk richten und sich daraus ein Bild machen, ob die japanische Konkurrenz für ihn eine wirkliche Gefahr bedeutet.

An Baumwollgarn importierte Japan im Jahre 1896 noch für 1 243 812 Lstrl. Im Jahre 1897 war die Einfuhr auf 1,0, 1898 auf 0,87, 1899 auf 0,50, 1901 auf 0,49. 1902 auf 0,17 Mill. Pfd. Strl. gefallen. Jm Jahre 1903 ging die Einfuhr weiter ganz rapide zurück, sie betrug in den ersten neun Monaten nur 65961 Lstrl. Die japanische Baumwollspinnerei ist also auf dem bestem Wege, die fremde Konkurrenz vom japanischen Markte zu verdrängen. Nur noch kurze Zeit und es wird ihr aller Wahrscheinlichkeit nach vollständig gelungen sein.

Was das Erstarken der japanischen Spinnerei zu bedeuten hat, fühlt Manchester schon heute in der allerempfindlichsten Weise. Die Ausfuhr englischen Garns nach Japan belief sich der Menge nach im Jahre 1900 auf 9 Mill. Kin, 1901 waren es nur noch 5,9, 1902 nur noch 2,6 Mill. Kin. Alle Versicherungen von der Minderwertigkeit der japanischen Arbeit dürften daher in England wohl schwerlich Eindruck machen; sie können die Tatsache, dass das japanische Garn sich den japanischen Markt erobert hat, nicht aus der Welt schaffen.

Hand in Hand mit der Verdrängung der ausländischen Konkurrenz vom japanischen Markt geht ein rasch ansteigender Export japanischen Garns. Im Jahre 1894 wurden erst für 100 531 Lstr. exportiert, der Export stieg 1896 auf 436 522, 1897 auf 1 370 097, 1898 auf 2 053 568, 1900 aut 2 183 155 Lstr. Im Jahre 1903 erreichte der Export schon in den ersten neun Monaten einen Wert von 2 429 925 Lstr. Der Export japanischen Garns geht heute noch mehr oder weniger ausschliesslich nur nach Ostasien und verdrängt dort europäische Ware; wer möchte sich aber damit beruhigen, dass es immer so sein wird, dass der Kreis sich nicht weiter ausdehnt, innerhalb dessen Japan den Absatz beherrscht.

Wenn man von der japanischen Baumwollindustrie spricht, versteht man für gewöhnlich darunter nur die Spinnerei. Die Produktion beschränkt sich aber schon längst nicht mehr auf die Herstellung von Garnen, auch die

Weberei ist bereits ein japanischer Industriezweig und befindet sich gleichfalls in rascher Entwickelung. Sehr lehrreich ist es, die japanische Handelsstatistik daraufhin näher anzusehen. Unter den Ausfuhrartikeln finden sich u. a. auch Schirting, Tischzeug, Handtücher, Flanelle, baumwollene Crêpes, Blanketts, Taschentücher. Es wurden exportiert an Schirting 1899 für 669 074, 1901 für 1 347 605 Yen, an Tischzeug 1899 für 413 184, 1901 für 823 900 Yen.

Die Gesamtausfuhr baumwollener Garne und Gewebe betrug im Jahre 1901 27,7 Mill. Yen (1 Yen = 2,09 M.). Davon gingen für 19,1 Millionen nach China, für 4,7 Millionen nach Korea, für 3,3 Millionen nach Hongkong. Aus der Aufzählung der anderen Absatzgebiete ergibt sich, dass der japanische Export auch in Britisch-Indien, Sibirien, den Philippinen anfängt, festen Fuss zu fassen.

In Indien besteht eine Baumwollindustrie als Grossindustrie seit dem Jahre 1851. In den letzten 20 Jahren hat die Zahl der Fabriken um 206 pCt., die der Webstühle um 183, die der Spindeln um 218 pCt. zugenommen. In den letzten 3 Jahren kamen 27 neue Fabriken hinzu, 3596 neue Webstühle, 721 846 neue Spindeln.

In Mexiko hat sich in den letzten 25 Jahren eine Baumwollindustrie entwickelt, die den Import von billigeren Baumwollwaren, Weisszeug, Kattun, bereits unmöglich macht und sich gezwungen sieht, für ihre Ueberproduktion durch forcierten Export Absatz zu suchen. Die Erwartungen sind bereits so hoch gespannt, dass man mit der europäischen Industrie auf europäischen Märkten in Wettbewerb treten zu können hofft. durch Steuerprivilegien und Rückvergütung von Zöllen sucht die mexikanische Regierung die Exportfähigkeit der heimischen Baumwollindustrie auf jede Weise zu heben.

Ansätze zur Entwicklung einer heimischen Baumwollindustrie sind in Argentinien, Uruguay, Tonkin und anderen Ländern rein agrarischen Charakters zu konstatieren.

Mit diesem Emporwachsen neuer Baumwollindustrien in überseeischen Ländern geht eine andere Erscheinung Hand in Hand. Immer mehr europäische Länder forcieren den

Export von Baumwollwaren, Italien, ganz neuerdings auch Spanien, machen beachtenswerte Fortschritte.

Die hieraus sich ergebenden Schwierigkeiten des Exports bilden neben der Baumwollnot das zweite ebenfalls hoch bedeutsame Problem der Baumwollfrage. Bei dieser Seite der Sache ist Kampf der europäischen Baumwollindustrie unter sich, nicht das gemeinsame Vorgehen die Parole des Tages. Im Interesse der Selbsterhaltung hat die Baumwollindustrie jedes der konkurrierenden Länder die Pflicht, sich für diesem Kampf möglichst günstige Bedingungen zu schaffen, und dazu gehört in erster Linie eine derartige Organisation des Rohstoffbezugs, dass der Ankauf des Rohmaterials dem Verkauf der fertigen Ware wieder zu Gute kommt.

Damit fällt der Satz, es ist gleichgiltig, wo die Baumwolle wächst. Es ergibt sich die Notwendigkeit, dahin zu wirken, dass wir Baumwolle aus solchen Ländern beziehen können, die unserer Ausfuhr an Fabrikaten die Tore öffnen.

Amerika gegenüber hat sich diese Erkenntnis schon Bahn gebrochen, es soll nach Möglichkeit ausgeschaltet werden als Bezugsland der Baumwolle. Müssen die Konsequenzen nicht aber noch weiter gezogen werden?

Das weltumspannende Projekt des britischen Reichszollvereins umwölkt den handelspolitischen Horizont. Das britische Weltreich will sich als wirtschaftliche und zollpolitische Einheit konstituieren mit freiem Verkehr im Innern, gemeinsamen Zollschranken nach Aussen; die britischen Kolonien sollen ihren Bedarf an industriellen Erzeugnissen möglichst ausschliesslich im Mutterlande decken. Käme der Plan, so wie es der Vater des Gedankens möchte, zur Ausführung, so wäre der deutsche Export von riesigen Ländergebieten, die glänzende Aussichten in bezug auf ihre künftige Entwicklung bieten, so gut wie ausgeschlossen. Zum Glück für uns dürfen wir zwar heute hoffen, dass uns dies äusserste erspart bleibt. Die zollpolitische Einheit zwischen Mutterland und Kolonien, wie Chamberlain sie erträumt, lässt sich nicht mehr erreichen. Was bisher von einzelnen Kolonien zugestanden wurde, ist nicht die völlige Zollfreiheit für englische Produkte, sondern nur die Besserstellung gegenüber der nichtbritischen Konkurrenz. Aber auch das schon genügt, um unserem Export schwere Wunden zu schlagen und die Frage der Gegenwehr aktuell zu machen.

Bei der Erweiterung des Baumwollanbaues ausserhalb des Gebiets der amerikanischen Union kommen englische Kolonien in erster Linie in Betracht. Indien liefert heute schon 3, Aegypten 1 Mill. Ballen, der ägyptische Sudan, Britisch-Ost, -West- und Zentralafrika, Westindien, Birma, Ceylon, Australien versprechen viel, wenn eine planmässige Förderung der Baumwollzucht dort einsetzt. Zu den Kolonien, welche schon heute der Ausfuhr des Mutterlandes eine Vorzugsstellung eingeräumt haben, gehören diese Länder freilich nicht. Sicherlich aber ist es im deutschen Interesse geboten, mit der Möglichkeit einer solchen zu rechnen. Wir können deshalb nicht wünschen, dass eine ähnliche Rolle, wie sie heute Amerika bei der Deckung des deutschen Baumwollbedarfs spielt, demnächst englischen Kolonien zufällt. Wir würden das Rohmaterial da kaufen, wo unseren Fabrikaten der Ausschluss vom Markte droht.

England in der Baumwollfrage Schulter an Schulter mit dem Kontingent! Diesen holden Wahn suchte die Kongressbegeisterung den Teilnehmern vorzugaukeln; die Schwierigkeiten und Hindernisse standen den Vertretern der kontinentalen Baumwollindustrie aber gleichwohl vor Augen. Das vom Kongress eingesetzte Komitee soll Mittel und Wege suchen, sie zu überwinden. Mit diesem bequemen Vorschlage eines schweizerischen Delegierten wälzte der Kongress die leidige Aufgabe von sich weg au andere Schultern. „Das Komitee soll uns gerade sagen, wie angesichts der divergierenden Ansichten Englands und des Kontinents der internationale Zusammenschluss der Baumwollspinnerei zu erreichen ist.“

Es ist nicht gleichgiltig, woher wir unsere Baumwolle beziehen. Dieser Satz gilt auch französischen Kolonien gegenüber. Fast gleichzeitig mit dem Züricher Kongress tagte in Stettin die Hauptversammlung der Deutschen Kolonialgesellschaft und gab in einem flammenden Protest gegen das französische Protektorat über Marokko der Stimmung auch weitester kommerzieller Kreise in Deutschland Ausdruck. Im französischen Kolonialreich ist schon allgemein durchgeführt, was Chamberlain erstrebt und mit Hilfe des britischen Reichszollvereins verwirklichen will — die auf Ausschliessung der fremden Produktion gerichtete Bevorzugung der französischen Industrie. In französischen Kolonien geht die Einfuhr von Industrie-Erzeugnissen des Mutterlandes zollfrei ein, die Einfuhr fremder Industrie-Erzeugnisse zollbelastet. Wer sich die Mühe nimmt, auch die Details des Tarifs für nichtfranzösische Waren etwas genauer anzusehen, bemerkt, dass die Differenzierung des Auslandes mit ganz besonderem Raffinement durchgeführt ist. Zollbeträge von sehr verschiedener Höhe belasten die einzelnen industriellen Erzeugnisse; die Absicht einer Anpassung an die Eigenart der kolonialen Produktionsverhältnisse kann der Grund hierfür nicht sein, denn eine eigene Industrie haben die Kolonien meist gar nicht oder nur auf ganz wenigen Spezialgebieten. Etwas anderes muss also bestimmend gewesen sein; man entdeckt es, wenn man den Blick auf das Mutterland und seine industrielle Entwicklung richtet. Je nachdem die einzelnen Branchen der französischen Industrie auf dem Weltmarkte konkurrenzfähig sind, hat man für die bezüglichen Produkte die kolonialen Zölle hoch oder niedrig bemessen. Der Zollfreiheit für französische Einfuhr steht ein hoher Zoll für nichtfranzösische Provenienzen überall da gegenüber, wo die betr. Branche der französischen Industrie nur geringe Leistungsfähigkeit besitzt. Die Differenzierung des Auslandes ist also in solchen Fällen ganz besonders wirksam gemacht.

Dürfen wir unter solchen Umständen durch Ankauf von Baumwolle aus französischen Kolonien dazu beitragen, die Entwicklung solcher Märkte zu stärken, die sich der deutschen Einfuhr verschliessen? Gegen die Einbeziehung Marokkos in das französische Kolonialreich Einspruch zu erheben, ist im Interesse des deutschen Exports sicherlich dringend geboten;

darauf allein aber darf sich unsere Gegenwehr nicht beschränken, die Konsequenzen müssen nach allen Richtungen hin gezogen werden, zu ihnen gehört auch die möglichste Einschränkung unseres Bezuges von dort.

Für die deutsche Baumwollindustrie ist es also nicht gleichgiltig, woher sie ihren Rohstoff bezieht. Nicht nur der Bezug aus Amerika, sondern auch der aus britischen und französischen Kolonien widerstreitet unseren Ausfuhrinteressen, die bei allen geschäftlichen Massnahmen auf das sorgfältigste zu berücksichtigen gerade die Baumwollindustrie heute ganz besonders Veranlassung hat.

Amerika gegenüber wird betont, der Bezug von dort sei nicht auf alle Fälle gesichert, im Falle einer ernsten Baumwollnot werde man in Amerika dafür sorgen, dass die amerikanische Baumwolle im Lande bleibe, ausschliesslich oder in erster Linie der amerikanischen Industrie zur Verfügung stehe. Das amerikanische Ausfuhrverbot und der Ausfuhrzoll auf Baumwolle gehören zu den Besorgnissen der europäischen Baumwollverbraucher, die durch Befreiung vom amerikanischen Monopol gegenstandslos gemacht werden sollen.

Wäre für die deutsche Industrie der Baumwollbezug aus französischen und englischen Kolonien ein gesicherterer? Mit nichten.

Selbstverständlich würden im Falle einer Baumwollnot auch England und Frankreich ähnliche Massnahmen treffen, wie Amerika, und die Baumwollausfuhr ihrer Kolonien im Sinne einer vorzugsweisen Berücksichtigung der nationalen Industrie regulieren.

Die Idee einer gemeinsamen internationalen Förderung der Baumwollzucht unter dem leitenden Gesichtspunkt, es ist gleichgiltig, woher der Bedarf die Baumwolle bezieht, wird also schon durch Erwägungen lediglich vom Standpunkt der zunächst interessierten Branche der Baumwollindustrie aus als utopisch dargetan. Die angebliche Gleichheit der Interessen aller europäischen Länder ist nicht da, die Frage des Rohstoffbezugs kann nicht getrennt werden von der des Exportes an Fabrikaten; hier aber stehen die, die sich zu einer gemeinsamen Liga zusammenfinden wollen, als schärfste Konkurrenten sich gegenüber.

Es handelt sich bei der Förderung der Baumwollzucht um keine internationale, sondern um eine durchaus nationale Aufgabe, die durch die besonderen Verhältnisse bei jedem der in Betracht kommenden Länder ein eigenartiges Gepräge erhält. Die Perspektiven, die sich damit vom Standpunkt der deutschen Volkswirtschaft aus verbinden, haben wir oben dargelegt.

Sein riesiger Kolonialbesitz gibt England die grossartigsten natürlichen Unterlagen einer eigenen nationalen Baumwollproduktion. Wie man deren Chancen in England selbst beurteilt, zeigt der jüngst von dem Vizepräsidenten der „British Cotton Growing Association“ der Manchester Statistical Society erstattete Bericht.

Derselbe gibt allerdings zu, dass die Hoffnungen auf den Baumwollanbau in Britisch-Indien stark gesunken sind. Die meisten Farmer sträubten sich gegen jede Neuerung und hielten unbedingt an der alten Pflanzungsmethode fest: sie wollten weder von ihren erfahreneren Mitbewerbern, noch von anderen lernen und seien zur Einführung verbesserter Geräte nicht zu bewegen.

Um so besser lauten die Angaben bezüglich der übrigen Gebiete. In Aegypten fördere sowohl die Regierung wie die Bevölkerung die Ausdehnung der Baumwollpflanzungen mit allen Mitteln, der neue Nildamm hat die Anbaufläche beträchtlich vergrössert. Am oberen Nil sei die anbaufähige Fläche ausserordentlich gross, zum Teil auch schon in Kultur genommen, die Qualität der dort geernteten Baumwolle komme den besten ägyptischen Sorten gleich. Von den beiden grossen Hemnissen, Mangel an Arbeitskräften und Transportgelegenheit, werde das eine mit der Fertigstellung der längst geplanten Eisenbahnlinie Suakin-Berber beseitigt, durch Heranschaffung indischer Arbeitskräfte müsse das andere überwunden werden.

Die Aussichten in Uganda und Britisch-Ostafrika berechtigten zu den besten Hoffnungen: es sei eine beachtenswerte Tatsache, dass alle bisherigen Versuche, ägyptische Baumwolle in Amerika, Indien und anderen Ländern anzupflanzen, erfolglos gewesen, die Baumwolle habe die seidenartige Weichheit, das charakteristische Merkmal der ägyptischen Provenienz, verloren. In Britisch-Ostafrika seien die Versuche geglückt.

Neben den vorerwähnten Gebieten hat die British Growing Association ihr Auge auf Britisch-Zentralafrika, Nyassaland, Nigeria, Sierra Leone und die Goldküste geworfen, auch von einer Förderung der Baumwollzucht auf australischen Boden (Queensland, Neusüdwales) in Westindien, Cypern, Neu-Guinea und den Fidschi-Inseln ist die Rede.

Die Erschliessung der als Baumwollproduktionsländer in Aussicht genommenen englischen Kolonien und Protektorate hat zum Teil freilich erst eben begonnen, aber der auf das gewaltige Nationalvermögen sich stützende britische Unternehmungsgeist verbürgt den raschen Ausbau von Eisenbahnen und Verkehrswegen. Die Erwartung ist deshalb durchaus berechtigt, dass hier im Baumwollbau auch wirklich bedeutendes geleistet werden kann.

Wenn in richtiger Würdigung aller dieser Verhältnisse die englische Baumwollbewegung ihr Auge ausschliesslich auf englische Kolonien und Besitzungen richtet, so befindet sie sich damit im vollsten Einklang mit den gesamten Interessen des Landes. Die eigenen Kolonien und Besitzungen bilden den Hauptstützpunkt des englischen Exports; durch Vorzugszölle für britische Produkte sollen sie das künftig in noch höherem Masse als heute werden. Die Förderung der kolonialen Baumwollzucht passt in das Programm des britischen Reichszollvereins, das dem Mutterlande zur Pflicht macht, möglichst viel aus den Kolonien zu kaufen. Die kolonialen Kulturen, die heute noch keine genügenden Vorräte zur Deckung des Bedarfs im Mutterlande liefern können, müssen also durch künstliche Förderung weiter entwickelt werden. Die Förderung der Baumwollzucht kommt so dem englischen Export zu Gute, denn er in erster Linie geniesst ja vermöge der ihm zugestandenen Vorzugsstellung die Früchte der dadurch erzielten höheren Kaufkraft.

Von einem Interesse der Landwirtschaft an der Förderung der Baumwollzucht kann man in England nicht sprechen. Die Agrarfrage, soweit sie den Schutz des heimischen Getreidebaues angeht, ist zum endgiltigen Austrag gebracht worden, der Sieg des Konsumtions- über das Produktionsinteresse entschieden. Man hat den Getreidebau seinem Schicksal überlassen und konnte dies um so leichteren Herzens tun, als die Abhängigkeit vom Auslande in der Getreideversorgung angesichts der meerbeherrschenden Stellung der englischen Flotte keine Bedenken erweckt. Wenn das ausländische Getreide auf dem englischen Markt als Wohltat empfunden wird, liegt kein Anlass vor, der natürlichen Vermehrung des Angebots auf künstlichem Wege irgendwie Einhalt zu tun. Die Zuckerkrise berührt die englische Landwirtschaft überhaupt nicht, da in England Rübenbau bekanntlich nicht betrieben wird.

Aus ähnlichen Gründen genügt auch für Frankreich koloniale Baumwollzucht; auch Frankreich verfügt über riesigen kolonialen Landbesitz, der für die Baumwollzucht kolossale Flächen zur Verfügung stellen kann. Auch der französische Export soll sich hauptsächlich auf die kolonialen Märkte stützen, wo ihm durch Differenzierung der fremden Konkurrenz ein privilegierter Platz eingeräumt ist. Folgerichtig und in Uebereinstimmung mit den gesamten Interessen der französischen Volkswirtschaft will deshalb auch die französische Baumwollbewegung ausschliesslich innerhalb der Grenzen des französischen Kolonialreiches sich betätigen. Wie in England, so kann auch in Frankreich die Agrarfrage keinen besonderen Einschlag bei den Bestrebungen zur Förderung der Baumwollkultur abgeben. Der französische Getreidebau rechnet sich freilich auch zu den notleidenden Gewerben und verlangt auch staatliche Fürsorge in Gestalt von Zöllen, die, wie in Deutschland, schon mehrfach haben erhöht werden müssen. Aber der französische Getreidezoll ist keine Schraube ohne Ende, er steht vielmehr schon heute bei der französischen Brotfrucht, dem Weizen, fast nur noch auf dem Papier. Das Getreide der französischen Kolonien darf zollfrei in Frankreich eingehen. Diese Lizenz ist heute von so grosser tatsächlicher Bedeutung, dass sie die Zollpflicht des gesamten Getreides illusorisch macht. Das französische Defizit an Weizen deckt heute Algier und Tunis; für Frankreich im weiteren Sinne ist es also ganz gleichgiltig, wie jenseits seiner zollgeschützten Grenzen die Getreideproduktion sich gestaltet. Das wachsende Angebot von Weizen auf dem Weltmarkt ist kein Gegenstand der Sorge, weil der französische Markt ihm verschlossen bleibt.

Während der Züricher Kongress den Standpunkt betonte, es ist gleichgiltig, wo die Baumwolle wächst, hat sich die Praxis bereits überall für den entgegengesetzten Standpunkt entschieden. Die Versuche zur Förderung der Baumwollzucht in deutschen Kolonien haben der englischen und französischen Baumwollbewegung den Anstoss gegeben. Aber weder in England, noch in Frankreich ist es jemand eingefallen, zur finanziellen Unterstützung der deutschen Versuche aufzufordern; es galt als völlig selbstverständlich, dass die englische Baumwollbewegung nur mit englischen Kolonien, die französische nur mit französischen Besitzungen als Operationsfeld zu rechnen habe. Den nationalen Charakter behielt die Bewegung bei, als sie auf andere Länder übersprang. Belgien wählte den Kongostaat, Italien Erythrea, Spanien die iberische Halbinsel als Versuchsfeld; keiner dieser Staaten dachte daran, Zeit und Geld auf Förderung einer Baumwollkultur zu verwenden, die im Machtbereiche eines konkurrierenden Industriestaates liegt und deshalb keine Garantie dafür bieten kann, dass sie auch tatsächlich in erster Linie den nationalen Interessen zu Gute kommt.

Der Gedanke eines internationalen Vorgehens zum Zwecke der Förderung der Baumwollzucht ist denn auch an den amtlichen Stellen mit bemerkenswerter Kühle aufgenommen. Der Züricher Kongress hat bekanntlich den Beschluss gefasst, die Regierungen der Baumwollindustrieländer aufzufordern, sich an der internationalen Aktion zu beteiligen. Im englischen Unterhaus aber gab der Ministerpräsident Balfour sehr deutlich zu verstehen, dass die englische Regierung ein solches Ansinnen ablehnt. Er erklärte ausdrücklich, in den von dem Kongress angenommenen Beschlüssen nichts erblicken zu können, was von Seiten Englands oder anderer Mächte ein Vorgehen der Regierung erfordern würde. Damit war die Zumutung des Kongresses höflich aber bestimmt abgelehnt, und es darf als sicher gelten, dass die Regierungen der anderen Länder den gleichen Standpunkt einnehmen.

Nicht der internationale Zusammenschluss der Baumwollverbraucher, sondern die nationale Vereinigung aller Interessenten, engerer und weiterer, das Zusammengehen von Baumwollindustrie und Industrie überhaupt, von Industrie und Landwirtschaft, ist für Deutschland der richtige Weg, an die Lösung der grossen Aufgabe heranzutreten. Einer solchen Vereinigung nationalen Charakters kann die Reichsregierung die Mitwirkung nicht versagen.

Das Betätigungsfeld für Förderung der Baumwollzucht im Sinne deutscher Interessen.

Ein nationales Programm der deutschen Baumwollbewegung ist im Vorstehenden bereits skizziert: Förderung der Baumwollzucht dergestalt, dass nicht nur der Baumwollvorrat der Welt vermehrt, sondern auch eine Stärkung des deutschen Exports daraus erwächst, dass der einseitigen Vermehrung des Getreideanbaus in überseeischen Ländern entgegengewirkt, die Ueberproduktion von Rohrzucker nach Möglichkeit eingeengt wird.

Im luftigen Bereiche der Gedanken sehr schön, auf dem Boden realer Möglichkeiten nicht durchführbar!

Diese Zensur werden vielleicht manche unter vorstehendes Programm setzen. Es kommt deshalb darauf an, seine Ausführbarkeit näher zu begründen, zu prüfen, ob und auf welchen Wegen die vorgesteckten Ziele erreichbar sind.

Eine neue Verteilung der Welt bereitete sich mit dem Wachsen der imperialistischen Strömung in Amerika vor. Amerikanische Flottendemonstrationen erfolgen im türkischen Asien und Marokko, Länder, die die amerikanische Kriegsflagge in so imposanter Vertretung vorher noch nie gesehen. Was sie bedeuten, weiss jedermann. Amerika zeigt seine Macht, um auf kommerziellem Gebiete daraus Kapital zu schlagen. Die wirtschaftliche Eroberung ist es, die das Wesen des amerikanischen Imperialismus ausmacht.

In Marokko, Kleinasien, Syrien handelt es sich nur um einleitende, vorbereitende Schritte; der Zeitpunkt ist noch nicht gekommen, mit allem Nachdruck für eine amerikanische

Vormachtstellung einzutreten. Die dortigen Märkte sind auch nur unbedeutendere Objekte im Vergleich zu denen, auf die heute die Union in erster Linie ihr begehrliches Auge geworfen hat — die Märkte des zentralen und südlichen Amerika. Deren Eroberung ist heute die grosse Frage, die im Mittelpunkt der expansiven Bestrebungen steht.

Zwar geht man vorsichtig zu Werke und vermeidet es nach Möglichkeit, die Aufmerksamkeit der übrigen Welt hierauf zu lenken. In geschickter Weise werden beruhigende Erklärungen in die Welt gesetzt, dass man nicht daran denke, die Beziehungen Südamerikas zu europäischen Ländern mit scheelem Auge zu betrachten. Man gibt sich den Anschein, als sähe man die europäische Betätigung dort gern als Garantie für wirtschaftlichen Aufschwung und Konsolidierung der Verhältnisse, die allen und deshalb auch der Union zu gute kommen müsse. Amerika denke nicht daran, den Staaten des Südens einen Rückhalt zu gewähren, wenn sie als böswillige Schuldner ihren Verpflichtungen Europa gegenüber sich entziehen wollten. Eine Monroe-Doktrin in diesem Sinne existiere nicht, in den massgebenden Kreisen der Union mache sich eine immer grössere Abneigung gegen jede Ueberspannung dieses politischen Grundsatzes bemerkbar.

Trotz solcher Friedensschalmeien ist die wirkliche Situation doch klar erkennbar. Wir sind in die entscheidende Phase des Kampfes um die zentral- und südamerikanischen Märkte eingetreten.

Mit wesentlich anderen Mitteln als früher betreibt heute die Union die wirtschaftliche Eroberung des Südens. Von selbst, freiwillig, dem Zuge des Herzens folgend, so sollte im Sinne des früheren Programms der Süden zum Norden kommen, mit ihm den engeren wirtschaftlichen Bund schliessen. Auf panamerikanischen Kongressen wurde die Verbrüderung gefeiert, die Feststimmung sollte die Brücken bauen. In gross angelegter, planmässiger Tätigkeit suchte das in Permanenz erklärte Bureau der Kongresse die Fäden fortzuspinnen und haltbar zu machen. Man überschwemmte den Süden mit einer zielbewusst ausgebauten Tendenzliteratur, die überraschende Einblicke in die Grossartigkeit und die angestrengte Arbeit des Apparats gestattet.

Anscheinend hatte man damit Erfolg. Wenigstens fehlte der Süden nie auf den Kongressen, drückte dort mit ostentativer Herzlichkeit Bruder Jonathan die Hand, bezeugte lauten Beifall, wenn in der Bankettbegeisterung von der Zusammengehörigkeit des Nordens und Südens die Rede war, und leistete pünktlich seine Beiträge zu den Kosten aller Veranstaltungen. Das war aber auch alles; dem gewünschten Ziele kam man nur wenig oder garnicht näher, die europäische Industrie behielt ihre alte Stellung auf den Märkten des Südens.

Die industrielle Ausfuhr der Union nach Südamerika belief sich im Jahre 1892 auf 17 Mill. Doll., sie hat seitdem zwar ein Wachstum zu verzeichnen, aber nur ein langsames, durch ständige Rückschläge unterbrochenes. Bis zum Jahre 1896 zeigte sich eine aufsteigende Entwicklung, es wurde der Betrag von 20 Mill. erreicht; aber in den nächsten Jahren fiel die Ausfuhr wieder, und eine später wieder eintretende Steigerung ist gleichfalls nicht ohne Rückschläge geblieben. Im Jahre 1902 ergab sich ein Betrag von 23 Mill. Doll. Dass das im allgemeinen als Fehlschlag von der durch anderweitige Erfolge verwöhnten amerikanischen Exportindustrie angesehen wird, begreift man, wenn man die Entwicklung auf den einzelnen in Betracht kommenden Märkten einer näheren Prüfung unterzieht.

In mehreren südamerikanischen Staaten ist der Absatz der amerikanischen Industrie bisher ein ganz minimaler geblieben. Er betrug in Bolivia nur 52439 Doll. im Jahre 1902, in Paraguay sogar nur 16688 Doll. Bei den übrigen Staaten ergeben sich freilich grössere Zahlen, aber bei der Mehrzahl stagniert die Entwicklung, es will sich kein richtiger Aufschwung bemerkbar machen. Hierzu gehören nicht nur die unter beständigen Revolutionen leidenden Länder wie Kolumbien, Venezuela, Uruguay, sondern auch Brasilien und das als Musterstaat gerühmte Chile. Der Export der Union an industriellen Erzeugnissen nach Kolumbien betrug schon im Jahre 1892 2061273 Doll., nach mehrfachem Steigen und Fallen in der Zwischenzeit stellte er sich im Jahre 1902 auf 2045265 Doll. Für den Export nach Uruguay stellten sich die Ziffern in beiden Jahren auf 718743 resp. 987106 Doll., für den Export nach Venezuela auf 1,8 resp. 1,4 Mill. Der Betrag von 2,9 Mill., auf den sich der Export nach Chile im Jahre 1902 belief, wurde auch schon im Jahre 1896 erreicht. Die Ausfuhr nach Brasilien fiel von 6,6 Mill. im Jahre 1892 auf 5,3 Mill. Doll. 1902.

Ein bemerkenswertes Anwachsen des industriellen Exports der Union ist nur nach Peru und Argentinien zu konstatieren. Der Export nach Peru stieg von 672165 Doll. im Jahre 1892 auf 1368827 im Jahre 1902, der Export nach Argentinien in demselben Zeitraum von 2,0 auf 7,8 Mill. Dollar.

Die amerikanische Industrie ist von ihrer Ueberlegenheit überzeugt, und die Erfolge, die sie beispielsweise in dem benachbarten Mexiko errungen hat, machen es erklärlich, dass sie auch in Südamerika auf ein ganz anderes Tempo in der Entwicklung ihres Exports gerechnet hatte. Nach Mexiko führte sie im Jahre 1892 für 7,7 Mill. Doll. aus, 1895 für 8,2 Mill.; von da ab ergab sich ein geradezu grandioser Aufschwung in stetiger, ununterbrochener Folge von Jahr zu Jahr: 1896 11,5, 1897 12,6, 1898 13,6, 1899 17,0, 1900 24,0, 1901 25,1, 1902 26,0 Mill. Doll.

Seit Roosevelts Präsidentenschaft ist die seit langem angestrebte wirtschaftliche Eroberung Südamerikas in ein neues Stadium getreten. Man hat sich überzeugt, dass die bisherigen Mittel zur Anbahnung des engeren Anschlusses des Südens an den Norden zu keinem durchschlagenden Erfolge führen; die Entwicklung des Exports ist hinter den hochgeschraubten Erwartungen zurückgeblieben, man ist deshalb entschlossen, energischer vorzugehen.

Mit ganz anderem Eifer, ganz neuen, viel wirksameren Mitteln wird jetzt dem Ziele zugestrebt. Unter verständnisvoller Zustimmung von Industrie und Handel, die überzeugt sind, dass es sich wirtschaftlich rentiert, erfahren die militärischen Machtmittel zu Lande und zu Wasser eine in Amerika bis dahin ganz ungeahnte Vermehrung; zu welchem Zwecke man diese Machtmittel anzuwenden gedenkt, haben die bekannten Vorgänge bei der Begründung der neuen Republik Panama aller Welt klar gemacht. Durch amerikanische Kreuzer und Landtruppen ist die selbständige Republik in sicheren Gewahrsam amerikanischer Oberhoheit genommen. Im Besitz dieses vorgeschobenen Postens ist man Nachbar des Südens geworden und kann nun ungleich wirkungsvoller als bisher auf die den eigenen Plänen widerstrebenden Machthaber des Südens einwirken.

Anfänglich schien es so, als würde die veränderte Taktik der Union nur dazu beitragen, die Gegensätze zu verschärfen, den Süden zu um so energischeren Widerstand anzureizen. Man sprach von Koalitionen südamerikanischer Staaten, mit dem ausgesprochenen Zweck, Gewalt gegen Gewalt zu setzen, die politische und wirtschaftliche Selbständigkeit des Südens eventuell mit Waffengewalt zu verteidigen. Zu solcher gemeinsamen Gegenwehr sind aber die Verhältnisse bekanntlich nur wenig angetan. Jede nüchterne Betrachtung lässt das Missverhältnis der Kräfte erkennen; es kann deshalb nicht Wunder nehmen, dass die Lust, es auf gefährliche Wagnisse ankommen zu lassen, sehr bald verflog.

Die neuen Pressionsmittel des Nordens machen Eindruck auf den Süden, darüber lässt die Bewilligung von Vorzugszöllen für die Einfuhr aus der Union von Seiten Brasiliens keinen Zweifel mehr. Auch alle übrigen Staaten Zentral- und Südamerikas unterliegen demselben Drucke und die Wahrscheinlichkeit spricht dafür, dass auch sie bewilligen womit Brasilien jetzt einen Anfang gemacht hat.

Durch differentielle Behandlung auf zollpolitischem Gebiete soll der Absatz europäischer Ware in Mittel- und Südamerika zurückgedrängt werden. Zu dem Zwecke betreibt die Union den Abschluss von Verträgen mit zentral- und südamerikanischen Staaten, die ein novum auf dem Gebiete der Vertragspolitik darstellen. Was Amerika geniesst, darf keinem dritten Staate jemals zugestanden werden. Das ist das wahre Wesen amerikanischer Handelspolitik, die, wie amerikafreundliche Autoren versichern, die europäische Betätigung in Südamerika mit so viel aufrichtigem Wohlwollen begleitet.

Deutschland hat allen Anlass, seinen bisherigen Platz auf den Märkten Zentral- und Südamerikas mit allem Nachdruck zu verteidigen. Seine Ausfuhr betrug im Jahre 1902

nach	Argentinien . .	47,2 Mill. M.
„	Brasilien . .	43,8 „ „
„	Chile	32,3 „ „
„	Uruguay . .	11,8 „ „
„	Peru	9,1 „ „

Dabei ist nur der direkte Export eingerechnet, die Berücksichtigung der indirekten Ausfuhr über London und andere Plätze des internationalen Zwischenhandels würde, wenn sie zahlenmässig zu erfassen wäre, diese Beträge noch erheblich steigern. Argentinien nahm 1,0, Brasilien 0,9, Chile 0,7, Uruguay 0,2, Peru 0,2 pCt. unseres Gesamtexports im Jahre 1902 auf. Das macht anscheinend noch nicht viel aus, wenn man andere Märkte zum Vergleich heranzieht. Hinter den Zahlen von heute aber steht die Entwickelung von morgen und künftig, und niemand wird leugnen, dass sie gerade in Südamerika grossartige Aussichten eröffnet.

Was können wir tun, um den Angriff auf diesen unseren Besitzstand abzuwehren? Die Förderung der Baumwollzucht mit deutschem Kapital und unter deutscher Leitung gehört zu den grossen Mitteln, unsere Stellung in Zentral- und Südamerika zu stärken. Dort bietet sich die Möglichkeit, im Sinne jener weiteren Perspektiven zu wirken, die wir oben als nationales Programm der deutschen Baumwollbewegung bezeichnet haben.

Als zukunftsreichstes der südamerikanischen Länder wird heute Argentinien allgemein betrachtet. Aus jahrelanger wirtschaftlicher Depression hat sich das Land soeben dank seiner riesigen natürlichen Produktivkräfte geradezu glanzvoll wieder herausgearbeitet. Das Land mit nur 5 Mill. Einwohnern konnte im Jahre 1903 einen Export von 220,9 Mill. Gold Pesos (1 Peso = 4,05 M.) erzielen, 41,4 Mill. mehr als im Vorjahre. Aus Viehzucht und Ackerbau in erster Linie stammen diese ungeheueren Werte und für beide geben die natürlichen Verhältnisse die Möglichkeit weiterer riesiger Steigerung der Erträge. Eine Fläche von nahezu 3 Mill. Quadratkilometer stellt Argentinien dar, d. h. einen Raum von ungefähr derselben Grösse wie das europäische Festland nach Abzug Russlands. Im landwirtschaftlichen Berufe tätig ist augenblicklich nur wenig mehr als die Hälfte der Einwohnerzahl, und trotzdem kommen dank der Fruchtbarkeit des Bodens und der günstigen klimatischen Verhältnisse so staunenswerte Mengen argentinischer Produkte auf den Weltmarkt.

Obwohl die Entwicklung des Landes noch in den Kinderschuhen steckt, konnte es im Jahre 1903 eine Einfuhr von 131,2 Mill. Pesos aufnehmen, ein Plus im Vergleiche zum Vorjahre von 28,1 Mill. Dass ein Markt von solcher Aufnahmefähigkeit und so glänzenden Aussichten künftiger Entwicklung die Blicke aller exportbedürftiger Länder in ganz besonderem Masse auf sich gezogen hat, ist natürlich.

Am Wettbewerbe auf dem argentinischen Markt beteiligen sich alle Welthandelsmächte der Erde, in erster Linie Grossbritannien, Deutschland, die amerikanische Union, Italien, Frankreich, Belgien. An der Einfuhr des Jahres 1903 waren beteiligt:

Grossbritannien . . .	mit	44,8	Mill.	Pesos
Deutschland	„	17,0	„	„
Amerikanische Union . . .	„	16,8	„	„
Italien	„	14,7	„	„
Frankreich	„	12,7	„	„
Belgien	„	5,4	„	„

England hatte von jeher in der argentinischen Ein- und Ausfuhr den ersten Platz inne. Um die zweite Stelle, was die Einfuhr anbelangt, streiten sich Deutschland und die

Amerikanische Union, die in letzter Zeit annähernd gleich grosse Fortschritte gemacht haben.

	1897	1903
Import aus Deutschland . .	11,1	17,0 Mill.
Import aus der Union . . .	10,1	17,8 „

In allen Berichten aus Argentinien ertönt fortgesetzt die Klage, dass deutsches Kapital im Gegensatz zum amerikanischen und vor allem zum englischen sich zu wenig an der Entwicklung des Landes beteilige, dass deshalb unsere Aussichten in Argentinien viel schlechter ständen, als die unserer hauptsächlichsten Wettbewerber. Jetzt bietet sich Gelegenheit, früher Versäumtes nachzuholen durch Beteiligung an Unternehmungen zur Entwicklung einer argentinischen Baumwollkultur grossen Stils, deren Aussichten, wie oben dargelegt, von sachverständiger Seite ausserordentlich günstig beurteilt werden.

Die Förderung der Baumwollzucht in Argentinien stellt sich als eine Aufgabe dar, die der deutschen Volkswirtschaft als Ganzes eminente Dienste leisten kann, weil sie beiden Hauptträgern, Industrie und Landwirtschaft, zu Gute kommen würde. Ein neuer, grosser, von deutschem Kapital abhängiger Produktionszweig würde für unsere Stellung auf dem argentinischen Markt eine wesentliche Stärkung bedeuten; deutscher Lieferung in erster Linie bliebe vorbehalten, was an Verkehrs- und Betriebsmitteln neu zu schaffen wäre, was an sonstigen industriellen Erzeugnissen die betr. Bezirke nötig hätten.

Das neue Landesprodukt müsste seinen Absatz in Europa suchen, da der Markt der Union einer Baumwollzufuhr nicht bedarf. Damit wäre ein neues Glied in der Kette geschmiedet, die Argentinien an Europa bindet und dagegen schützt, dass es der Einwirkung der Union gelingen könnte, auch in Argentinien einen Reziprozitätsvertrag mit Schlechterstellung der europäischen Ausfuhr durchzudrücken. Dass die Union sich in diesem Sinne bemüht, wird von amerikanischer Seite ganz offen zugestanden. Ein kürzlich veröffentlichter Bericht des amerikanischen Gesandten in Buenos-Aires erklärt den

Abschluss eines Vertrages mit gegenseitiger Bevorzugung der beiderseitigen Ausfuhr als dringend notwendig.

Das Erscheinen argentinischer Baumwolle auf dem deutschen Markte könnte auch die deutsche Landwirtschaft mit Freuden begrüssen als Versicherung gegen weitere Ausdehnung der Getreideproduktion an einer Stelle, von der aus heute den Preisen deutschen Getreides ganz besondere Gefahr droht.

Ueber die günstigen Aussichten des Baumwollbaues im oberen Stromgebiet des La Plata, in Paraguay, ist im Vorstehenden gleichfalls schon berichtet. Eine dem „Export" aus Asuncion zugegangene Meldung von Mitte Juni besagt, dass dort einer Aufforderung des Direktors der Merkantilbank folgend, Grosskaufleute und Industrielle zu einer Beratung zusammen getreten seien, wie am besten die Kultur der Baumwolle im Lande verallgemeinert werden könne. Ein Syndikat sei bereits gebildet, das mit einem Kapital von 100 000 Pesos den Versuch machen wolle, die bäuerliche Bevölkerung in Paraguay zu veranlassen, dem Anbau von Baumwolle volle Aufmerksamkeit zu schenken. Auch hier könnte die Förderung solcher Unternehmungen durch deutsches Kapital der deutschen Volkswirtschaft hoch bedeutsame Dienste leisten.

Dass auch der Markt von Paraguay eine grosse Zukunft hat, wird angesichts der Fruchtbarkeit des Landes und seiner bequemen Zugänglichkeit auf einer mächtigen Wasserstrasse niemand bezweifeln. Auch diese Position fällt ins Gewicht im wirtschaftlichen Kampfe um Südamerika und stellt reichen Lohn demjenigen in Aussicht, der sich ihrer zu bemächtigen versteht. Auch hier würde die Förderung der Baumwollzucht zu Gunsten der deutschen Landwirtschaft arbeiten, denn, wenn der Entwicklung der Dinge freier Lauf gelassen wird, dürfte auch in Paraguay das neu erschlossene Kulturgebiet in erster Linie der Weizenproduktion anheimfallen.

Paraguay liegt dem deutschen Gesichtskreis bisher noch ziemlich fern, es ist aber, so erklärt der deutsche Generalkonsul von Fischer-Treuenfeld in seiner vor kurzem erschienenen Broschüre „Paraguay in Wort und Bild", wohl wert, dass der Staatsmann, Kapitalist, Exporteur und Auswanderer ihm seine volle Aufmerksamkeit widme. Die natürlichen Reichtümer des Landes sind noch nicht annähernd erforscht, geschweige denn ausgebeutet; dies gilt insbesondere von der topographischen Erforschung des Chaco und von der geologischen Aufklärung der ganzen Republik. Die günstigen Verhältnisse der Hydrographie, Atmosphäreologie und Klimatologie gewährleisten ein üppiges Gedeihen der Flora und Fauna und somit auch der Landwirtschaft und Viehzucht und sind auch für das Gedeihen der Menschen als günstige zu bezeichnen.

Alle Zweige der staatlichen und wirtschaftlichen Organisation Paraguays zeigen einen sichtbaren, wenn hier und da auch nur langsamen Fortschritt. Die Zunahme der Bevölkerung ist eine schnelle; für das Unterrichtswesen wird nach Kräften gesorgt; Viehzucht und Ackerbau weisen alljährliche Produktionszunahmen auf; die Einwanderung bewegt sich zwar noch in bescheidenen Grenzen, ist aber im Zunehmen; die Preise der Ländereien, obwohl noch niedrig im Vergleich zu denjenigen am La Plata, sind während der letzten Jahre erheblich gestiegen; die landwirtschaftlichen Kolonien haben im Vergleich zu früheren Jahren festeren Fuss gefasst.

In dem Bericht eines österreichischen Konsuls heisst es: „Es ist unzweifelhaft, dass Paraguay mit der Zeit seiner Bezeichnung als Garten Südamerikas vollkommen gerecht werden wird, und zu dieser Annahme berechtigen seine geographische Lage zwischen zwei grossen schiffbaren Flüssen, seine klimatischen und topographischen Bedingungen und vor allen Dingen die ungemeine Fruchtbarkeit seiner Wälder und Felder."

Das Stromgebiet des La Plata ist der bevorzugteste Platz zur Aufnahme der deutschen Auswanderung, in diesem Sinne hat sich auch der erste deutsche Kolonial-Kongress zu Berlin im Jahre 1902 ausgesprochen. Ganz von selbst drängt sich daher der Gedanke auf, ob nicht die Förderung der Baumwollzucht auch dem Zwecke dienstbar gemacht werden könnte, mehr als bisher den Strom der deutschen Auswanderung in jene Gebiete zu lenken.

Neben den La Plata-Staaten erscheint Brasilien als besonders geeignetes Feld für eine deutsche Betätigung auf dem Gebiete der Förderung der Baumwollzucht. Eine Baumwollkultur grösseren Stils besteht schon in Brasilien, brasilische Baumwolle spielt auf dem englischen Markte eine nicht unerhebliche Rolle. Vom englischen Gesamtimport des Jahres 1903 in Höhe von 3 670 367 Ballen Baumwolle waren 164 803 brasilischen Ursprungs, ungefähr die gleiche Zahl, die Ostindien dem englischen Markte lieferte.

Auch Deutschland bezieht bereits brasilische Baumwolle, freilich nur ein ganz kleines Quantum — 1299 dz im Jahre 1903. Nach amtlichen brasilischen Angaben hat der Gesamtexport von Rohbaumwolle betragen

im Jahre 1901 . . . . 11 764 977 kg
im Jahre 1902 . . . . 32 137 678 „

die ganz überwiegend nach England und Portugal verschifft wurden.

Die Baumwollernte in Brasilien im Jahre 1903/1904 soll nach den neuesten Schätzungen einen Ertrag von 490 000 Ballen von je 85 kg Gewicht ergeben, von dem Gesamtertrag entfallen angeblich 270 000 Ballen auf Pernambuco, 100 000 Ballen auf Parhayba, 56 000 Ballen auf Maceiò, 30 000 Ballen auf Rio Grande del Norte, 40 000 Ballen auf Mossorò, Aracaty und Cearà. Die Baumwolle von Pernambuco hält, wie behauptet wird, den Vergleich mit guten amerikanischen Sorten wohl aus. Nach einer Veröffentlichung des brasilianischen Vizekonsuls in Manchester wäre die Möglichkeit, die Baumwollkultur in Brasilien in kurzer Zeit auf einen sehr grossen Massstab zu bringen, nicht ausgeschlossen, und eine Bemühung in diesem Sinne sehr empfehlenswert. Geeignetes Land sei in Brasilien in grosser Ausdehnung vorhanden, die Kultur sei dort gut eingeführt, die Arbeiterfrage wäre verhältnismässig leicht zu lösen, da die Eingeborenen auf einer ziemlich hohen Kulturstufe ständen und weisse Ansiedler in grosser Menge sich sicher gern an dem Baumwollanbau beteiligen würden, wenn sich günstige Einnahmen erzielen liessen. Eine Schwierigkeit würde der Mangel an ausreichenden Beförderungsmitteln bieten; es seien aber im Lande sehr zahlreiche Flussläufe vorhanden, die nach gehöriger Regulierung brauchbare Wasserstrassen abgeben würden; ausserdem könnten Bahnen zur Verbindung des Binnenlandes mit der Küste unschwer angelegt werden. Die Regierung werde dem Anbau von Baumwolle im grossen ihre Unterstützung nicht versagen.

Auch auf dem brasilianischen Markte streiten sich Deutschland und die amerikanische Union um die zweite Stelle als Importland, während England die erste behauptet. Nach dem Wert im Verschiffungshafen berechnet, führte im Jahre 1902 nach Brasilien aus:

Deutschland für	48 210 057	Milreis
die amerikanische Union für .	47 337 291	Milreis

Die Stellung der amerikanischen Union auf dem brasilianischen Markte wird dadurch zu einer besonders starken, dass sie der Hauptabnehmer der brasilischen Ausfuhr ist. Nicht weniger als 43,1 pCt. der gesamten brasilischen Ausfuhr gingen im Jahre 1901 nach der Union, die damit fast genau ebenso viel aufnahm, als die nächstbeteiligten 4 Staaten (Deutschland, Grossbritannien mit Besitzungen, Frankreich, Niederlande) zusammen. Nach Deutschland allein gingen nur 14,7 pCt. der gesamten brasilischen Ausfuhr.

Die Union ist der bedeutendste Abnehmer brasilischen Kaffees, der allein 50 bis 60 pCt. des gesamten brasilischen Exports ausmacht. Von der gesamten Kaffee-Ausfuhr des Jahres 1901 in Höhe von 14 981 040 Sack gingen allein 6 856 690 Sack nach der Union, während Deutschland, obwohl nächstgrösster Abnehmer, nur 2 263 982 Sack kaufte.

Ihrer Eigenschaft als Hauptabnehmer brasilischen Kaffees hat es die Union zu danken, dass sie jetzt ihre zolltarifarische Bevorzugung in Brasilien durchsetzen konnte. Sie ist be-

6*

kanntlich in der Lage, Kaffee zollfrei bei sich einlassen zu können, während alle anderen Länder hohe Zölle auf Kaffee erheben. Dadurch erweist sie dem unter der Kaffeekrisis darniederliegenden Lande natürlich einen hervorragenden Dienst, der die Bereitwilligkeit zu Gegenleistungen erklärlich macht.

Diese für die Union so besonders günstige Lage würde sich ändern, wenn es gelänge, anderen Artikeln eine grössere Bedeutung als heute in der brasilischen Ausfuhr zu geben.

An zweiter Stelle unter den Ausfuhrprodukten Brasiliens steht dem Werte nach Kautschuk. Die Kautschuk-Ausfuhr stellte im Jahre 1901 rund 20 pCt. des Gesamtwertes der brasilischen Ausfuhr dar. In den ersten 10 Monaten 1901 wurden an Seringa-Kautschuk ausgeführt für 144 911 287 Milreis, davon gingen

nach der Union	für	77 106 987	Milreis
nach England . . .	„	56 506 409	„
nach Frankreich . . .	„	9 583 280	„
nach Deutschland . . .	„	431 941	„

Auch für Kautschuk ist die Union also der grösste Abnehmer, während der deutsche Markt für diesen brasilischen Ausfuhrartikel nur eine sehr geringe Rolle spielt.

G e l ä n g e e s, B a u m w o l l e a n e i n e n d e r e r s t e n P l ä t z e i n d e r b r a s i l i s c h e n A u s f u h r z u b r i n g e n, s o w ü r d e e i n e V e r s c h i e b u n g d e r h e u t i g e n V e r h ä l t n i s s e e i n t r e t e n, die unsere Stellung auf dem brasilischen Markte gewaltig stärken könnte. Die neu hinzugekommenen Baumwollballen müssten, wie schon der heutige Baumwollexport Brasiliens, ihren Absatz in Europa suchen, Deutschland könnte sich zu einem der bedeutendsten Abnehmer brasilischer Baumwolle entwickeln. Das würde natürlich der aus den heutigen Verhältnissen sich ergebenden Gefahr eines amerikanischen Uebergewichts in Brasilien entgegenwirken, den Einfluss derjenigen Interessen vermehren, die möglichst gute Beziehungen zu Deutschland wünschen müssen.

Die Förderung der Baumwollzucht in Brasilien gehört also zu den Mitteln der Abwehr gegenüber der amerikanischen

Gefahr. Sie würde dem deutschen Export zu Gute kommen; vielleicht auch der deutschen Landwirtschaft, wenn es gelänge, auf diese Weise gleichzeitig die brasilische Zuckerkultur einzuschränken.

Noch ein drittes Gebiet stellt deutscher Betätigung zur Förderung der Baumwollzucht eine besonders dankbare Aufgabe.

Cuba, die Perle der Antillen, ist in drohender Gefahr, als Absatzgebiet dem europäischen Wettbewerb verloren zu gehen, wenn dieser nicht ganz ausserordentliche Anstrengungen macht, seine alte Stellung in dem zukunftsreichen Lande zu behaupten. Die amerikanische Union hat Cuba die politische Selbständigkeit belassen; es wollte dort ja nur eine zivilisatorische Mission erfüllen, als es die Insel vom spanischen Joche befreite. Man durfte gespannt sein, zu erfahren, mit welchen Mitteln das Festhalten an dieser Illusion möglich gemacht werden sollte angesichts des Drängens der amerikanischen Geschäftswelt, neben dem Ruhme idealer Beweggründe auch greifbare materielle Früchte des Sieges einzuheimsen.

Der nunmehr endgiltig zustande gekommene Reziprozitätsvertrag mit Cuba gibt die Antwort. Wie England in seinen Kolonien, so geniesst Amerika auf dem kubanischen Markte eine Vorzugsstellung, die auf Ermässigung der Zölle zu Gunsten der amerikanischen Einfuhr sich gründet. Die wirtschaftliche Angliederung ist damit in einer Form vollzogen, die weniger Anstoss im Auslande erweckt und doch die Erreichung des Zweckes vollständig sichert, um den es sich handelt. Verträge zu schliessen ist ja jedes selbständige Land durchaus berechtigt; beim vorliegenden Vertrage ist Amerika keineswegs nur nehmender, sondern auch gebender Teil. Es zahlt für die Leistungen Cubas, wenn es auch heisse Kämpfe gekostet hat, das prinzipielle Zugeständnis der Gegenleistung im amerikanischen Parlament durchzusetzen. So wird sich allmählich und in aller Stille verwirklichen, was der geschäftliche amerikanische Imperialismus verlangt, die wirtschaftliche Angliederung Cubas an die Union, oder, vielleicht besser und genauer gesagt, die Monopolstellung Amerikas auf dem kubanischen Markte. Mit kundiger Hand sind die kubanischen Differentialzölle auf die amerikanischen Produktionsverhältnisse zugeschnitten, man hat die Konkurrenzfähigkeit der verschiedenen amerikanischen Branchen sorgsam in Betracht gezogen. Auch den Schwachen eröffnen sich gute Aussichten, ein Vorsprung bis zu 40 pCt. des Zollbetrages ist im internationalen Wettrennen so leicht nicht einzuholen.

Auch in Cuba liegt es nahe, die Förderung der Baumwollzucht als Waffe gegen Amerika zu gebrauchen.

Noch ungleich mehr als Brasilien ist heute Cuba mit seinem Export auf die amerikanische Union als Absatzgebiet angewiesen. Vom Gesamtexport des Jahres 1902 in Höhe von 64,3 Mill. Dollars nahm die Union allein für 48,4 Mill. auf. Gegenüber diesem Anteil, der 76,9 Prozent des kubanischen Gesamtexports ausmacht, verschwindet fast, was auf die übrigen Länder entfällt. Auf England entfielen nur 9,0, auf Deutschland nur 6,2 pCt. des kubanischen Gesamtexports. Schon hieraus ergibt sich ein natürliches Uebergewicht der Union auf dem kubanischen Markte. Die Einfuhr Cubas aus der Union machte denn auch schon im Jahre 1902, also noch vor dem Inkrafttreten der neuen Vertragszölle, bereits 41,6 pCt. der Gesamteinfuhr aus, auf England entfielen nur 15,2, auf Deutschland nur 6,0 pCt.

Im kubanischen Export sind Zucker und Tabak, sowie Tabakfabrikate die ausschlaggebenden Artikel.

Gesamtexport im Jahre 1902	= 64,3	Mill.	Doll.
Davon roher Zucker . . .	= 29,9	„	„
„ Tabak	= 12,6	„	„
„ Zigarren	= 12,3	„	„

Der Rohzuckerexport ging bis auf einen fast verschwindenden Rest in vollem Betrage auf den Markt der Union. An Tabak nahm die Union auf für 10,5 Mill., an Zigarren für 2,7 Mill. Dollars, nur bei Zigarren war der auf die übrigen Länder entfallende Anteil des kubanischen Gesamtexports grösser als der amerikanische.

Wie schon oben erwähnt, ist jetzt auf der Insel das Interesse für die schon seit altersher dort heimische Baumwollkultur neu erwacht. Es wird versichert, dass sie zu grosser Bedeutung entwickelt werden könne, da unter dem Druck der Zuckerkrisis die Zuckerproduktion weniger rentabel geworden.

Eine grosse Aussicht, im deutschen Interesse wirken zu können, eröffnet sich damit für deutsches Kapital. Baumwolle als kubanischer Ausfuhrartikel muss dazu beitragen, die Insel wieder mehr an die europäischen Märkte zu knüpfen, mit denen der wirtschaftliche Verbindungsdraht schon so bedenklich lose geworden ist. Je mehr die Baumwollproduktion auf Kosten des Zuckers sich vergrössern würde, um so mehr müsste das jetzige Uebergewicht der Union auf dem kubanischen Markte schwinden, um so mehr dürfte auch Deutschland hoffen, einen gebührenden Anteil an der Versorgung des zukunftsreichen Marktes zu erlangen.

Der kubanische Zucker hat heute dem deutschen das amerikanische Absatzgebiet genommen, das früher so grosse Mengen deutschen Erzeugnisses konsumierte. Schwer ist damit unsere Zuckerproduktion getroffen, die kubanische Konkurrenz hat sich als einer ihrer gefährlichsten Gegner erwiesen. Könnte die kubanische Produktion eingeschränkt werden, so würde das für die deutsche Landwirtschaft eine wesentliche Erleichterung bedeuten. Die Förderung der Baumwollzucht auf Cuba liegt also auch unter diesem Gesichtspunkt für deutsches Kapital besonders nahe.

Die oben betonten nationalen Gesichtspunkte bei der Förderung der Baumwollzucht schweben demnach nicht in der Luft; aus der allgemeinen welt- und handelspolitischen Lage ergibt sich vielmehr ein ganz bestimmtes Betätigungsfeld, auf dem die praktische Arbeit einsetzen kann.

Wenn wir als solches die La Plata-Staaten, Brasilien und Cuba bezeichnen, so schliesst das nicht aus, dass daneben auch die Baumwollkultur in deutschen Kolonien weiter gepflegt und entwickelt wird. Die grosse Bedeutueg, welche gerade der Baumwollkultur als kolonialwirtschaftlicher Aufgabe zukommt, wird niemand leugnen; es wäre aber ein verhängnisvolles Verkennen der tatsächlichen Verhältnisse, dem kolonialen Enthusiasmus die grossen allgemeinen Gesichtspunkte opfern zu wollen.

Diese weisen in andere Richtung. Mögen auch die leitenden Männer des verdienstvollen kolonialwirtschaftlichen Komitees, das uneigennützige Arbeit im Dienste der Allgemeinheit leisten will, sich dieser Erkenntnis nicht verschliessen.

Die nationale Organisation zur Förderung der Baumwollzucht.

Das nationale Programm bedarf zu seiner Durchführung einer nationalen Organisation, die Schaffung einer solchen ist die nächstliegende, dringlichste Aufgabe.

Was wir oben dargelegt über die Förderung der Baumwollzucht in den La Plata-Staaten, in Brasilien und Kuba, konnte nicht mehr sein als Anregungen, die sich aus einer Betrachtung der allgemeinen handelspolitischen Lage und der besonderen Verhältnisse in jenen Ländern ergeben. Es ist selbstverständlich, dass derartige allgemeine Anregungen noch keine geeigneten Unterlagen zu praktischem Vorgehen abgeben können. Planmässig geleitete, eingehende Untersuchungen an Ort und Stelle müssen einsetzen, um den ganzen Komplex aller einschlägigen Fragen gründlich zu prüfen und zu klären.

Auf diese erste grundlegende Arbeit lässt sich, wenn nur die finanziellen Mittel da sind, eine geeignete Organisation ohne weiteres zuschneiden. Sachverständige draussen zum Studium der Verhältnisse an Ort und Stelle, daheim eine zentrale Instanz, welche die Berichte derartig verarbeitet, dass sie zu greifbaren Projekten sich verdichten.

Seit mehreren Jahren bereits beschäftigt man sich in Deutschland mit der Frage der Begründung einer sog. Reichshandelsstelle. Es soll etwas geschehen, um grosse weltwirtschaftliche Konjunkturen mehr wie bisher zum besonderen Vorteil der deutschen Volkswirtschaft auszunutzen. Das ist der Kernpunkt des Gedankens, der als solcher in industriellen wie auch in landwirtschaftlichen Kreisen Zustimmung gefunden hat. Als er im deutschen Reichstage erörtert wurde, betonte man mit Recht gerade diese doppelte Aufgabe, der Industrie wie auch der Landwirtschaft zu nützen; mit einer solchen Fürsorge nach beiden Seiten hin werde die Institution sich zu einer wirklich grossen nationalen Bedeutung entwickeln können.

Viel ist seitdem über die Reichshandelsstelle geschrieben und gesprochen. Die Reichsregierung, die das Kind aus der Taufe heben und weiterhin subventionieren sollte, hat sich niemals auf einen grundsätzlich ablehnenden Standpunkt gestellt; zahlreiche Sympathien für das Projekt traten im Parlament hervor, eine namhafte Zahl bedeutender Handelskammern bekannte sich als opferwillige Gönner. Trotz dieser so günstigen Aussichten ist bisher nichts aus der Sache geworden, und man gewöhnt sich allmählich daran, das Projekt als totgeborenes Kind zu betrachten.

Die Erklärung hierfür ist leicht zu finden. Das Programm der Reichshandelsstelle — Förderung des deutschen Aussenhandels — leidet an einer zu allgemein gehaltenen Fassung, die positiv formulierten Aufgaben ganz konkreten Inhalts fehlen, die allein heute auf weitere Kreise Anziehungskraft auszuüben vermögen. Betrachtet man die Mittel und Wege, auf denen die Förderung angestrebt werden soll, so findet man, dass wirklich neues, was die Ideen und praktischen Vorschläge anbelangt, sich nur wenig darunter findet.*) Was die Reichshandelsstelle schaffen soll, ist heute in mehr oder weniger weit entwickelten Ansätzen schon vorhanden.

Den kommerziellen Informationsdienst haben amtliche und private Stellen bereits mit gutem Erfolge organisiert. Gewiss sind noch viele Verbesserungen möglich, aber gegenüber dem Drängen nach dieser Richtung mehren sich die Stimmen, welche vor einer Ueberschätzung der hieraus für das praktische Geschäftsleben zu erwartenden Vorteile

*) Siehe die beachtenswerten, originellen Vorschläge Goldbergers „Errichtung wirtschaftlicher Abteilungen im Ausland.“ (Das Land der unbegrenzten Möglichkeiten.)

warnen. Die wirklich wertvollen Informationen stellen einen so hohen Geldeswert dar, dass jeder den Besitz sorgsam hütet, um ihn selbst geschäftlich ausnützen zu können, noch ehe die Konkurrenz davon erfährt. Dieser einleuchtende Tatbestand eröffnet für die Beschaffung kommerzieller Informationen auf gewissermassen gemeinnützigem Wege keine besonders guten Aussichten. Zollpolitische und zolltechnische Auskunftsstellen, die auch alle sonstigen Verkehrsfragen fortlaufend verfolgen, existieren bereits bei allen grösseren wirtschaftlichen Verbänden und Handelskammern. Bei näherer Prüfung bleibt daher nur ein sehr enger Spielraum übrig, innerhalb dessen die Reichshandelsstelle wirklich neues und eigenartiges leisten könnte. Wenn sie nur zentralisieren soll, was heute schon zerstreut an verschiedenen Stellen besteht, so ist dem entgegenzuhalten, dass die Dezentralisation von vielen Seiten als zweckentsprechender und der Sache dienlicher betrachtet wird.

Im Rahmen der nationalen Bestrebungen zur Förderung der Baumwollzucht könnte jetzt die geplante Reichshandelsstelle, oder wie man sie sonst nennen will, eine neue, grosse, durchaus in der gewollten Richtung liegenden Aufgabe übernehmen. Auch bei der Förderung der Baumwollzucht handelt es sich darum, eine weltwirtschaftliche Konjunktur zum Vorteil der deutschen Produktion, der Industrie sowohl wie der Landwirtschaft, auszunutzen. Alle diejenigen Kreise, welche sich schon früher für die Begründung einer Reichshandelsstelle erwärmt, könnten also nur zustimmen, wenn sie jetzt als nationale Organisation zur Förderung der Baumwollzucht ins Leben gerufen würde. Die leitenden Gedanken, das Ziel bliebe das gleiche, nur der Weg ist neu, auf dem es erreicht werden soll. Der neue Weg aber bedeutet einen ungeheueren Zuwachs an werbender Kraft, weil andere Fragen ersten Ranges dabei mitspielen, die für einen viel weiteren Kreis unmittelbar Beteiligter sehr dringliche Sorgen darstellen.

Von einer Förderung auch landwirtschaftlicher Interessen

wurde im Zusammenhang mit dem Projekt freilich immer gesprochen; über allgemein gehaltene Redewendungen kam man aber dabei nicht hinaus. Hier ganz besonders fehlte die positive Formulierung dessen, was geschehen sollte. Die Einengung der überseeischen Getreide- und Zuckerproduktion durch Erweiterung des Baumwollanbaues bezeichnet eine ganz konkrete Aufgabe, der niemand Unbestimmtheit nachsagen kann. Es steht zu hoffen, dass sie für die neu zu schaffende Organisation auch in landwirtschaftlichen Kreisen wirksame Propaganda zu machen im stande sein wird.

Alles, was in bezug auf die Frage, ob die Reichshandelsstelle als staatliche oder nicht staatliche Institution zu begründen sei, bereits früher vorgebracht wurde, trifft auch unter der Voraussetzung der neuen Zweckbestimmung zu.

Wie wir oben dargelegt, haben an der Förderung der Baumwollzucht so weite Kreise ein Interesse, dass der Grundsatz „Kostendeckung ausschliesslich durch die Interessenten" nicht angewandt werden kann. Die Allgemeinheit und ihre Vertretung, das Reich, muss sich an der finanziellen Last beteiligen. Erst dadurch wird die sichere finanzielle Grundlage geschaffen, die unentbehrlich ist. Die Beteiligung des Reichs ist auch die Vorbedingung für genügende Beteiligung privater Kreise. Sie allein gibt dem Unternehmen der Oeffentlichkeit gegenüber denjenigen Nimbus, der nötig ist, um grössere Mittel flüssig zu machen.

Andererseits müsste Kostendeckung ausschliesslich durch das Reich den staatlichen Charakter der Institution bedingen. Der aber ist angesichts der Aufgaben, um die es sich handelt, unzweckmässig. Ein Aufsichtsrecht, eine Vertretung an leitender Stelle würde genügen, um die nötige Fühlung herzustellen.

Als Anhalt zur Beurteilung der Kostenfrage und der Ausgestaltung der Organisation ist der Umriss eines Arbeitsplanes notwendig. Wir denken uns denselben etwa folgendermassen:

Zur genauen Erkundigung der Verhältnisse an Ort und Stelle ist die Entsendung von Sachverständigen geboten, denen eine sehr umfangreiche Aufgabe zufällt. Die Ermittlung geeigneter Bezirke für eine deutsche Betätigung bedingt Feststellungen nach den allerverschiedensten Richtungen, Bodenbeschaffenheit, Klima, Arbeits-, Eigentums-, Verkehrs-Verhältnisse und vieles andere. Das dazu nötige Sachverständnis kann schwerlich eine einzelne Person mitbringen, man müsste Kommissionen bilden für jedes einzelne Land, in denen speziell auf dem Gebiete der Baumwollkultur landwirtschaftlich-technisch vorgebildete Kräfte mit kaufmännischen Sachverständigen und volkswirtschaftlichen Praktikern zusammenzuwirken hätten. Je eine solche Sachverständigen-Kommission wäre nach den La Plata-Staaten, Brasilien und Kuba zu entsenden mit dem Auftrage, Projekte auszuarbeiten zur Bildung deutscher Unternehmungen zur Förderung der Baumwollzucht. Gewisse Direktiven ergeben sich schon aus dem heute vorliegenden Material, die es möglich erscheinen lassen, dass diese Arbeit ohne längere Vorbereitung aufgenommen werden kann.

Die Sachverständigen draussen bilden den einen Teil der neuen Organisation. Aus ihnen müsste ein Stamm dauernd Angestellter entwickelt werden, der in langjähriger Praxis eine besondere Befähigung für die vorliegende Aufgabe sich aneignen könnte. Eine dauernde Postierung draussen erscheint unerlässlich, wenn in planmässiger, grossangelegter Arbeit das vorgesteckte Ziel verfolgt werden soll.

Für die draussen an Ort und Stelle ausgearbeiteten Projekte das deutsche Kapital zu interessieren, wäre Sache der in der Heimat tätigen Kräfte.

Die Leitung des Instituts denken wir uns in den Händen eines Direktors und eines ihm beigegebenen weiteren Ausschusses. In letzteren wären führende Persönlichkeiten aus der Finanzwelt, aus Industrie, Handel und Landwirtschaft zu berufen, denen neben der Kontrolle der Geschäftsführung vor allem die Aufgabe zufiele, in ihren Kreisen Stimmung zu machen für die Begründung geeigneter Unternehmungen. Die stetige Kontrolle des Ausschusses auch über die Arbeiten draussen würde eine Garantie geben, dass letztere in zweckentsprechender Weise vor sich gehen unter Beachtung der grossen Gesichtspunkte, die bei der Sache vorschweben.

Für die Bemessung des dem Direktor zur Seite zu stellenden Stabes von Mitarbeitern geben folgende Erwägungen einen Anhalt.

Zur Klärung der Verhältnisse an Ort und Stelle ist die Entsendung von Sachverständigen zwar das vornehmste und beste Mittel; trotzdem müssen zahlreiche andere Quellen der Orientierung berücksichtigt, die aus ihnen fliessenden Nachrichten kontrolliert und gesichtet werden. Die Förderung der Baumwollzucht steht in engstem Zusammenhang mit der gesamten wirtschaftlichen Entwicklung der betr. Länder, Wechselbeziehungen und Rückwirkungen ergeben sich auf den allerverschiedensten Gebieten. Deshalb ist unerlässlich, den Gang der politischen und wirtschaftlichen Ereignisse auf das sorgsamste zu verfolgen. Das setzt eine sehr genaue Kontrolle der Presse und vieler anderer Veröffentlichungen (Handelsstatistik, konsularische Berichte des In- und Auslandes u. a.) voraus, die in gründlicher, systematischer Weise und mit besonderer Berücksichtigung des vorliegenden Zwecks nur von vorgebildeten Kräften geleistet werden kann. In Betracht kommt dabei nicht nur die Presse derjenigen Länder, in denen wir uns auf dem Gebiete der Baumwollzucht betätigen wollen, sondern auch die unserer kommerziellen Konkurrenten, die natürlich einem planmässigen deutschen Vorgehen Hindernisse aller Art in den Weg zu legen sich nach Kräften bemühen würde.

Neben dieser die Tätigkeit der an Ort und Stelle entsandten Sachverständigen ergänzenden Arbeit eröffnet sich ein weiter Kreis anderer praktisch hoch bedeutsamer Aufgaben.

Wider das amerikanische Baumwollmonopol richtet sich der Kampf. Ueber die amerikanische Baumwollproduktion und den amerikanischen Markt muss deshalb möglichst vollständiges und zuverlässiges Material gesammelt werden, um jederzeit klaren Einblick in die jeweilige Situation tun zu können. Die Nachrichten hierüber fliessen zwar auch heute schon sehr zahlreich, aber es fehlt an einer Stelle, wo fortlaufend alles gesichtet und zu einem übersichtlichen Bilde zusammengestellt wird. Auch der Züricher Kongress hat sein Komitee beauftragt, derartiges Material zu sammeln, um ein von Börseneinflüssen unabhängiges, wahrheitsgetreues Bild der jeweiligen Lage zur Orientierung der Interessenten zu schaffen.

Die Bestrebungen der anderen Länder zur Förderung der Baumwollzucht geben ein weiteres, bedeutsames Moment der gegenwärtigen Lage. Auch in dieser Beziehung fehlt es heute an der nötigen Uebersichtlichkeit. Zerstreut und verzettelt dringen die Nachrichten in die Oeffentlichkeit. Es fehlt an einer systematischen Klarstellung gerade der wichtigsten Fragen. Wie beteiligt sich der Staat, welche finanziellen Lasten übernimmt die Allgemeinheit, wie gross sind die von privater Seite zur Verfügung gestellten Mittel, welche Kreise sind die Träger der Baumwollbewegung, welche leitenden Gedanken schweben vor? Wie wird die Sache praktisch angefasst, wie sehen die Gesellschaften aus, die die Förderung der Baumwollzucht in die Hand nehmen? Auf welche Weise geht man vor? Betreiben die Gesellschaften selbst Baumwollproduktion, oder gewähren sie nur Vorschüsse in Form von barem Geld, von Saatgut oder Maschinen? Welche Erfahrungen werden dabei gemacht, wie bewähren sich die verschiedenen Methoden?

Sehr lückenhaft und unvollständig ist heute noch das Bild der jeweiligen Marktlage, die Uebersicht über das Verhältnis von Weltangebot und Nachfrage. Auch auf dies Gebiet müsste sich die Arbeit erstrecken, um möglichst zuverlässige, von allen Tendenzrücksichten unbeeinflusste Zusammenstellungen zu erhalten. Der wachsende Baumwollbedarf wird heute zumeist nur nach allgemeinen Schätzungen der Spindelzahl in den hauptsächlichsten Baumwollindustrieländern berechnet. Das gibt natürlich nur ein sehr dürftiges, unzureichendes Bild der Sachlage. Eine Baumwollindustrie entwickelt sich heute an immer mehr Stellen; an der Hand der statistischen Zahlen der Baumwollausfuhr und

Einfuhr aller Länder muss diese universale Vergrösserung des Baumwollbedarfs und seine örtliche Entwicklung verfolgt werden.

Schon die bevorstehenden Betrachtungen zeigen, wie die Erkundigungen über den engeren Rahmen derjenigen Länder, in denen die Förderung der Baumwollzucht zunächst praktisch angefasst werden soll, ganz von selbst hinauswachsen, notwendigerweise einen universellen Charakter annehmen. Solche erweiterten ganz allgemeinen Feststellungen sind natürlich auch geboten in bezug auf die Frage, was leistet eine künstlich geförderte Baumwollzucht für die Einengung der überseeischen Getreide- und Zuckerproduktion. Auch nach dieser Richtung fehlt es heute an der Möglichkeit zuverlässiger Orientierung; umfassende Untersuchungen sind notwendig, um die Gesamtlage möglichst genau festzustellen.

Es ergibt sich hieraus, ein wie umfangreiches Arbeitsprogramm der neuen Institution zufallen würde, wenn sie wirklich den grossen Perspektiven der Sache gerecht werden will. Ohne bedeutende Mittel für sachliche und personelle Aufwendungen ist der Plan also nicht durchführbar.

Dem steht gegenüber, dass die Lasten auf sehr tragfähige Schultern sich verteilen sollen, auf Allgemeinheit und private Kreise, auf beide Träger der deutschen Produktion, Industrie und Landwirtschaft.

Einen festen jährlichen Beitrag hätte das Reich zu übernehmen, im übrigen wäre der Etat zu begründen auf die privaten Beiträge, (Interessenvertretungen, Handelskammern, Landwirtschaftskammern, einzelne Personen), deren Eingang durch Uebernahme einer festen Verpflichtung gesichert werden müsste.

Wer soll die Initiative zur Begründung der neuen Organisation übernehmen? Seit Jahresfrist besteht bei uns ein mitteleuropäischer Wirtschaftsverein, mit dessen Wollen und Können, Zielen und praktischen Aufgaben sich die Oeffentlichkeit viel beschäftigt. Der leitende Gedanke ist: Kräftigung der deutschen

Volkswirtschaft im wirtschaftlichen Kampfe mit Amerika. Was in dem Namen zum Ausdruck kommt, ist nicht neu und bildet schon seit Jahrzehnten in mancherlei Variationen den Gegenstand lebhafter Erörterung. In den zu kleinen räumlichen Dimensionen der mitteleuropäischen Staaten liegt deren volkswirtschaftliche Schwäche, sie sind in der Isolierung zu winzig, um sich gegen den amerikanischen Riesen erfolgreich wehren zu können. Deshalb Zusammenfassung zu einem grösseren wirtschaftlichen Ganzen, das, ohne die politische Selbständigkeit anzutasten, im Sinne der Vereinigung und deshalb auch der Stärkung der ökonomischen Kräfte wirkt.

Die passende staatsrechtliche Form hierfür zu finden, ist die grosse Aufgabe, die bisher noch nicht gelöst werden konnte. Soviele Schwierigkeiten stellen sich entgegen, dass viele den ganzen Plan als utopistisch bezeichnen zu müssen glauben.

Der neugegründete mitteleuropäische Wirtschaftsverein hat die Idee trotzdem wieder aufgenommen, freilich nicht im Sinne jener Optimisten, die von baldiger Verwirklichung eines mitteleuropäischen Zollvereins oder von ähnlichem träumen. Mit besserem Augenmass für die Wirklichkeit der Dinge hat man sich in der Ausgestaltung des Programms diejenige Beschränkung auferlegt, die die realpolitische Einsicht erfordert. Es handelt sich zunächst nur um gewisse Vereinbarungen, zur Erleichterung des Verkehrs; vorsichtig tastend sucht man einen Grundstein zu legen, auf dem weitere Gebilde von grösserer materieller Bedeutung emporwachsen können.

Was dadurch heute vorbereitet wird, kann zu praktischen Ergebnissen erst in einer ferneren Zukunft führen; umsomehr Veranlassung liegt für den neubegründeten Verein vor, sich noch auf anderen Gebieten zu betätigen. Wirtschaftliche Stärkung der deutchen Volkswirtschaft im Kampfe mit Amerika! Diese hochaktuelle Aufgabe lässt sich in keiner besseren Weise praktisch anfassen, als dass der Verein die Führung ergreift bei der Förderung der Baumwollzucht im Dienste deutscher Interessen, dass er die nationale Organisation ins Leben ruft, von der wir oben sprachen. Es ist bezeichnend, dass bei der oben skizzierten Reichstagsdebatte vom 25. April d. Js. direkt ausgesprochen wurde, die Förderung der Baumwollzucht gehört zu den Aufgaben des mitteleuropäischen Wirtschaftsvereins. „Wir haben einen mitteleuropäischen Wirtschaftsverein, auch für den wäre es gut, die Frage näher zu prüfen und zu erörtern: wie kann sich Europa von Amerika emanzipieren?" (Abgeord. Schwarze-Lippstadt).

Was den Verein zu der führenden Rolle in der deutschen Baumwollbewegung besonders befähigt, ist die Eigenart seiner Zusammensetzung. Industrie und Landwirtschaft, Männer der Praxis und Theorie haben sich hier zu gemeinsamer Arbeit die Hand gereicht; die grosse Beteiligung hervorragender Namen aus den verschiedensten wirtschaftlichen und politischen Lagern stellt eine Summe werbender Kraft dar, wie sie der Allgemeinheit gegenüber kaum eine andere Vereinigung aufzuweisen hat. Sie ist dadurch das geeignetste Medium, die Baumwollbewegung auf weiteste Kreise unseres Volkes zu übertragen, bei beiden grossen Produktivständen, Industrie und Landwirtschaft, das richtige Verständnis zu erwecken, unsere gebildete Welt im ganzen für die Sache zu erwärmen.

Von besonderer Bedeutung ist, dass der mitteleuropäische Wirtschaftsverein auch im Reichstage eine sehr namhafte Vertretung aufweisen kann. Führende Persönlichkeiten aus verschiedenen Parteien gehören zu seinen Mitgliedern. Er ist dadurch in der Lage, auch die Tribüne des Parlaments zur wirksamen Propagierung seiner Ideen zu benutzen, Anträge zu stellen, denen die Regierung Beachtung schenken muss. Alle diese Umstände sichern seiner Initiative im voraus eine hohe Chance des Gelingens.

Möge er davon zum Wohle des Ganzen Gebrauch machen, die nationale Organisation ins Leben rufen, die mit der Förderung der Baumwollzucht im Sinne des obigen Programms Industrie und Landwirtschaft und damit auch der Allgemeinheit einen so eminenten Dienst zu leisten vermag.

Zeitfracht Medien GmbH
Ferdinand-Jühlke-Straße 7
99095 Erfurt, Deutschland
produktsicherheit@kolibri360.de